创客从0到1

——基于Arduino设计

左义海　石振东　王博　闫琪　廉德富　编著

北京航空航天大学出版社

内 容 简 介

本书是一本基于 Arduino 设计的入门书籍，内容包括 Arduino 的基础知识和基础实验应用，主要进行基础知识讲解，重点是通过各种基础实验对 Arduino 进行应用。最后以 Arduino 小车为例进行综合实验的讲解。

本书内容图文并茂，非常适合初学者学习。本书适合电子类、机械类专业学生学习使用，能够引领广大 Arduino 爱好者进入 Arduino 的精彩世界。

图书在版编目(CIP)数据

创客从 0 到 1 ：基于 Arduino 设计 / 左义海等编著
. -- 北京:北京航空航天大学出版社，2016.5
ISBN 978-7-5124-2121-9

Ⅰ. ①创… Ⅱ. ①左… Ⅲ. ①单片微型计算机—程序设计 Ⅳ. ①TP368.1

中国版本图书馆 CIP 数据核字(2016)第 106026 号

创客从 0 到 1——基于 Arduino 设计

左义海 石振东 王 博 闫 琪 廉德富 编著

责任编辑 张冀青

*

北京航空航天大学出版社出版发行

北京市海淀区学院路 37 号(邮编 100191) http://www.buaapress.com.cn

发行部电话:(010)82317024 传真:(010)82328026

读者信箱:emsbook@buaacm.com.cn 邮购电话:(010)82316936

北京建宏印刷有限公司印装 各地书店经销

*

开本:710×1 000 1/16 印张:14.25 字数:304 千字

2016 年 9 月第 1 版 2025 年 9 月第 7 次印刷 印数:9 901～1 0100 册

ISBN 978-7-5124-2121-9 定价:35.00 元

前言

Arduino 是开源平台，具有易上手、例程丰富的特点，大多数爱好者，都能应用 Arduino 做出自己满意的作品，也有一些爱好者使用 Arduino 开发出自己的产品。Arduino 作为开源平台，其丰富的资料及硬件平台能够满足初学者从初级入门到深入探索应用的全面需求。

《创客从 0 到 1——基于 Arduino 设计》是蓝宙电子结合中小学教学经验，精心匹配教材和基础实验为解决初学者快速入门 Arduino 而编写的书籍。学校及教学培训机构可以利用本书直接进行课堂教学。本书能够让初学者使用 Arduino 在各种传感器中进行简单的应用，能够很好地展示 Arduino硬件平台的 DIY 过程。

本书按照由浅入深、从概念到基础实验，再到深入讲解 Arduino 应用程序，根据初学者的理解过程进行精心编排，易于掌握。第 1 章介绍 Arduino 的发展历史和基础概念，如 Arduino 作为开源软硬件的发展史及 Arduino UNO 资源。第 2 章介绍 Arduino 的开发、编译环境安装和使用情况。第 3 章介绍入门必需的 C 语言、嵌入式知识及 Arduino 开发环境的结构。第 4 章介绍 Arduino 基础库函数。第 5 章以实战例程进行 Arduino 学习，用 40 个实验对 Arduino 基础的 DIY 应用由浅入深地进行讲解。第 6 章以 Arduino 机器人应用案例讲解，通过实战案例，初学者可以进一步体验 Arduino 的应用乐趣，探索更多未知的 Arduino 应用设计。

本书由左义海、石振东担任主编，参加本书编写工作的还有王博、廉德富、闫琪、叶琪。其中石振东老师编写了本书的第 1～3 章，左义海老师编写了第 5 章和第 6 章。本书其他内容由王博、廉德富等蓝宙团队成员进行整理和编写。

左义海老师是太原工业学院的教师，常年在教学一线进行创新、创业领域的教学工作，积累了丰富的教学经验。

蓝宙电子团队是以湖北汽车工业学院的科技创新团队为主体建立而成的，在此特别鸣谢在学校期间为我们团队进行专业知识的传授和工程师思路培养的石振东教授。感谢社会各界对蓝宙电子创业团队的关怀和支持。

由于作者水平有限，书中若有不当之处，敬请指正。

作　者

2016 年 3 月

目　录

基础篇

实践篇

基 础 篇

第1章 Arduino介绍

1.1 概 述

Massimo Banzi先生曾经是意大利Ivrea一家高科技设计学校的老师。他的学生们经常抱怨找不到便宜好用的微控制器。2005年冬天，Massimo Banzi跟David Cuartielles讨论了这个问题。David Cuartielles先生是一位西班牙籍晶片工程师，当时在这所学校做访问学者。为了解决这个问题，两人决定设计自己的电路板，并且由Massimo Banzi的学生David Mellis为电路板设计编程语言。两天后，David Mellis就写出了程式码。又过了三天，电路板样品制作成功。Massimo Banzi喜欢去一家名叫di Re Arduino的酒吧，该酒吧是以1 000年前意大利国王Arduin的名字命名的。为了纪念这个地方，他将这块电路板命名为Arduino。

随后，Banzi、Cuartielles和Mellis把设计图放到了网上。版权法可以监管开源软件，却很难用在硬件上，为了保持设计的开放源码理念，他们决定采用Creative Commons(CC)的授权方式公开硬件设计图。在这样的授权下，任何人都可以生产电路板的复制品，甚至还能重新设计和销售原设计的复制品。人们不需要支付任何费用，甚至不用取得Arduino团队的许可。然而，如果重新发布了引用设计，就必须声明原始Arduino团队的贡献。如果修改了电路板，则最新设计必须使用相同或类似的Creative Commons(CC)的授权方式，以保证新版本的Arduino电路板也一样是自由和开放的。唯一被保留的只有Arduino这个名字，它被注册成了商标，在没有官方授权的情况下不能使用它。

1.2 特色描述

Arduino硬件电路设计以创作公用约定的形式提供授权。相应的原理图和电路图都可以从 Arduino 网站上免费下载。开发界面简约，下载程序简单、方便，可简单地与传感器、各式各样的电子元件（如 LED 灯、蜂鸣器、按键、光敏电阻等）连接，做出各种各样有趣的东西。Arduino 硬件电路使用高速的微处理控制器（ATmega328），其开发语言和开发环境都非常简单、易理解，非常适合初学者学习。

1.3 Arduino UNO 资源

Arduino 是一款便捷灵活、方便上手的开源电子原型平台，包含硬件（各型号的 Arduino 板）和软件（Arduino IDE）。而 Arduino UNO 只是该电子平台下的一种开发板型号，其他常见的型号还有 Arduino Nano、Arduino Mega 2560、Arduino Due、Arduino Leonardo、Arduino Yún。

Arduino UNO 引脚具有 14 个数字输入/输出端口和 6 个模拟输入/输出端口，支持 USB 供电或 DC 口外部 7～12 V 直流电压输入，支持 5 V 和 3.3 V 两种直流电压输出。

Arduino UNO 采用 Atmel ATmega328 微处理控制器。因其支持者众多，已有公司开发出 32 位的 MCU 平台支持 Arduino。除此之外，还支持 ISP 下载功能。其中，Arduino 参数表如表 1.3.1 所列，图 1.3.1 为 Arduino 硬件图。

表 1.3.1 Arduino 参数表

名 称	参 数
处理器	ATmega328
工作电压/V	5
输入推荐电压/V	7～12
输入极限电压/V	6～20
数字 I/O 引脚	14（其中 3、5、6、9、10、11 共 6 路支持 PWM 输出）
模拟输入引脚	6
I/O 引脚直流电流/mA	40
3.3 V 引脚直流电流/mA	50
Flash/KB	32（ATmega328，其中 0.5 KB 用于 bootloader）
SRAM/KB	2（ATmega328）
EEPROM/KB	1（ATmega328）
工作时钟频率/MHz	16
尺寸	6.0 cm×5.33 cm

Arduino UNO 各引脚定义如下：

- 数字引脚：0～13；
- 模拟引脚：A0～A5（A 是 Analog 的简写）；

- 串口通信：0 和 1(0 作为 RX,1 作为 TX,用于与计算机通信)；
- PWM 输出：3、5、6、9、10、11；
- SPI 通信：10(SS)、11(MOSI)、12(MISO)、13(SCK)；
- 外部中断：2、3(中断源 0、1)；
- 自带 LED：13；
- IIC 引脚：SDA(A5)、SCL(A4)。

图 1.3.1　Arduino 硬件图

Landzoduino(见图 1.3.2)完全兼容 Arduino UNO R3 版本，同样，使用了更强大的 ATmega16U2，以替代 ATmega8U2，还增加了 AREF 边上的 SDA 和 SCL 端

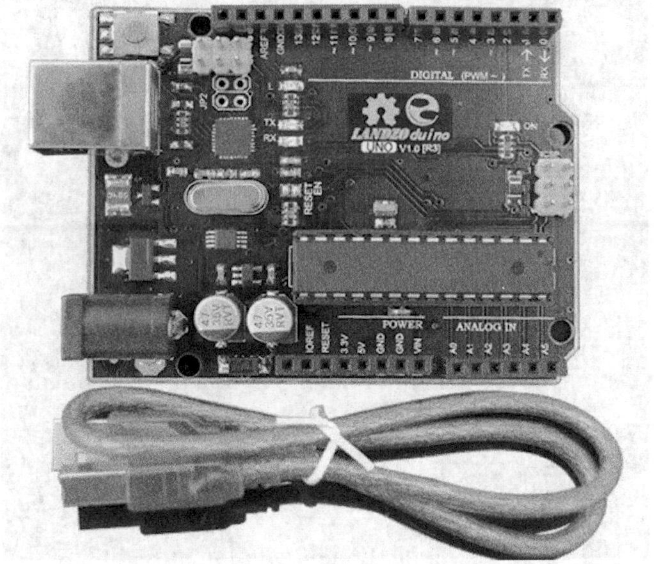

图 1.3.2　Landzoduino 硬件图

口。此外，RESET 边上还有两个新的端口。一个端口是 IOREF，它能够使扩展板适应主板的电压；另一个空着的端口预留给将来可能的扩展。Arduino UNO R3 能够兼容任何现存扩展板，并且用它额外的端口能适应新的扩展板。

1.4 应用案例

图 1.4.1 是一台低成本自制激光雕刻机。激光雕刻机能做很多挑逗着你想象力的奇妙事情，如木制小屋模型、铁路布景模型、四轮马车模型、告示牌等，而整套系统控制区仅仅由一个 Arduino 开发板组成。通过 Arduino 开发板控制步进电机，连动刀头精确行走，来完成设计作品。激光雕刻机充分应用 Arduino 内部资源，展现了开源硬件的强大性能。

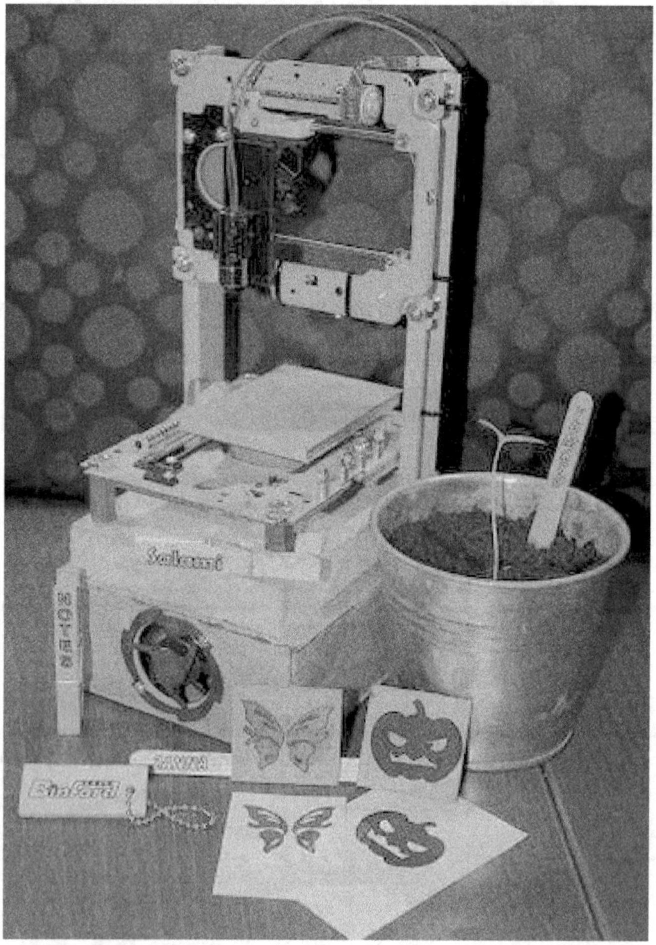

图 1.4.1 自制激光雕刻机

或许您只在科幻大片中见到过“意念控制”，但随着科学的发展，神奇的“意念控制”成为了可能，即脑电波控制。图 1.4.2 是基于脑电波控制的智能车。脑电波(Electroenc ephalogram)是大脑在活动时，脑皮质细胞群之间形成电位差，从而在大脑皮质的细胞外产生电流。因此，采用信号放大技术可以让原始脑电波信号更加地清晰。噪声过滤技术可以去除肌肉、脉搏和电气设备发出的噪声。这样，微弱的脑电波信号就会被头部佩戴的传感器成功检测到，再无线发送到 Arduino 开发板端，对脑电波信号分析处理后，控制智能车的行走。Arduino 在控制系统中起核心作用，为新奇创意的实现提供有力保障。

图 1.4.2 脑电波智能车

在美国加州的 NanoSatisfi，人们利用开源硬件 Arduino 制作了一个外形小巧且拥有基本探测功能的微型卫星。

ArduSat 私人卫星如图 1.4.3 所示。它的体积还不如一个鞋盒大，长、宽、高都只有 10 cm；质量非常轻盈，在 1 kg 左右。在其小小的身躯内，拥有 25 种传感器，包括 3 个摄像头、1 个盖革计数器，以及分光仪、磁力计、GPS、二氧化碳探测器等。对比一般的卫星，它的结构不算复杂：一个十字偶极天线、几片太阳能电板、一个容纳元件的 CubeSat 结构、装载着 Arduino 和传感器的电路板、UHF 射频收发器、飞行控制计算机。由于 Arduino 是开源硬件，因此 ArduSat 的优点之一，是拥有强大的自定义性。也就是说，你可以为自己的卫星编写程序，当 ArduSat 飞上太空之后，可以按照你的指令去行动。

当 ArduSat 被送上太空后，它将在那里逗留 6～ 8 个月，直到它坠入大气层被焚毁为止。不过，它所收集到的收据，将会经由 GENSO 网络发送到地面，而这些数据的价值远远超过其本身。

图 1.4.3　ArduSat 私人卫星

无限宇宙，的确令人向往。拥有自己的太空卫星，这是一件多么炫酷的事情！

第2章 Arduino 基础操作

2.1 概　述

Arduino 的开发环境是以 AVR-GCC 和其他一些开源软件为基础的。其采用 Java 编写，软件无需安装，下载并完成解压后可以直接打开使用。本书以 Arduino 1.6.5 版本进行讲解。图 2.1.1 为 Arduino 1.6.5 版的开发环境，中间的白色区域是程序编辑区，下方的黑色区域为信息提示区。

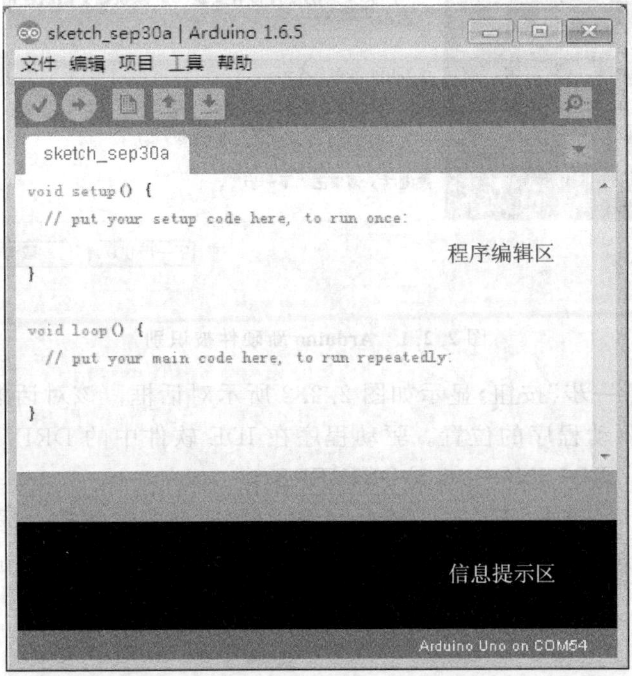

图 2.1.1　Arduino 1.6.5 版的开发环境

2.2 硬件驱动安装

在应用 Arduino 开发环境之前，首先要在计算机端添加新硬件——Arduino 控制板。下面介绍 Arduino UNO 控制板的安装。准备一块 Arduino UNO 板和连接线。第一次安装硬件驱动，需要先把 Arduino 开发板通过 USB 线连接到计算机上。以 WIN XP 和 WIN 7 两种系统为例，下面演示 Arduino 原版驱动如何安装。

2.2.1 WIN XP 系统

如果在 WIN XP 系统上安装 Arduino 驱动，则步骤如下：

(1) 使用方头 USB 数据线连接到计算机上，这时计算机屏幕上会出现识别到新硬件显示，如图 2.2.1 所示。

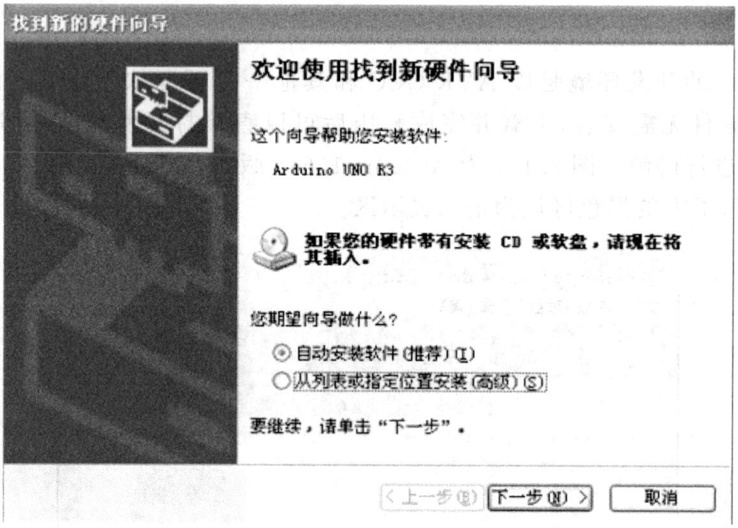

图 2.2.1　Arduino 新硬件被识别

(2) 单击“下一步”按钮，显示如图 2.2.2 所示对话框。该对话框提示查找驱动程序的目录，即驱动程序的位置。驱动程序在 IDE 软件中的 DRIVERS 文件下，驱动路径为 XXX\ARDUINO-1.6.5\DRIVERS。

(3) 查找到后，单击“下一步”按钮，稍等片刻，驱动安装完成，如图 2.2.3 所示。

(4) 提示安装完成后，打开设备管理器，验证 Arduino 是否安装成功，如图 2.2.4 所示。

安装好驱动以后，就可以显示是 COM 的哪个端口，这里显示的是 COM4 端口。如果您安装到这步了，那么恭喜您在 WIN XP 系统下的 Arduino 原版驱动安装成功。

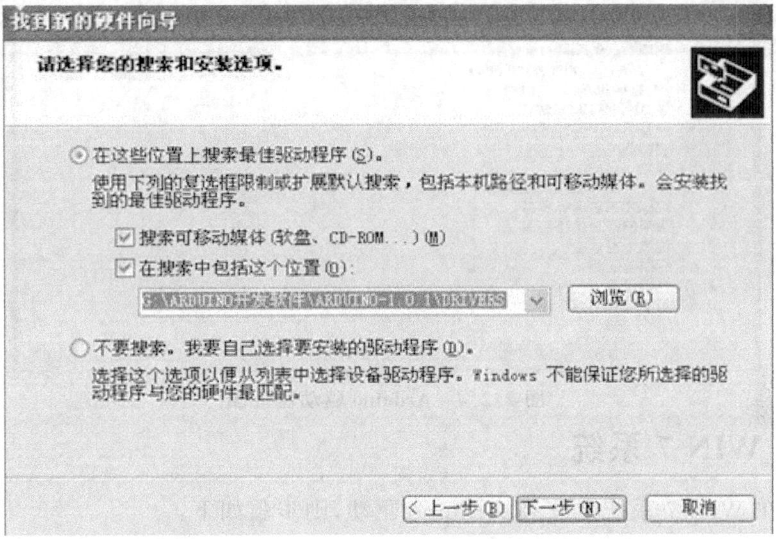

图 2.2.2　Arduino 查找驱动图

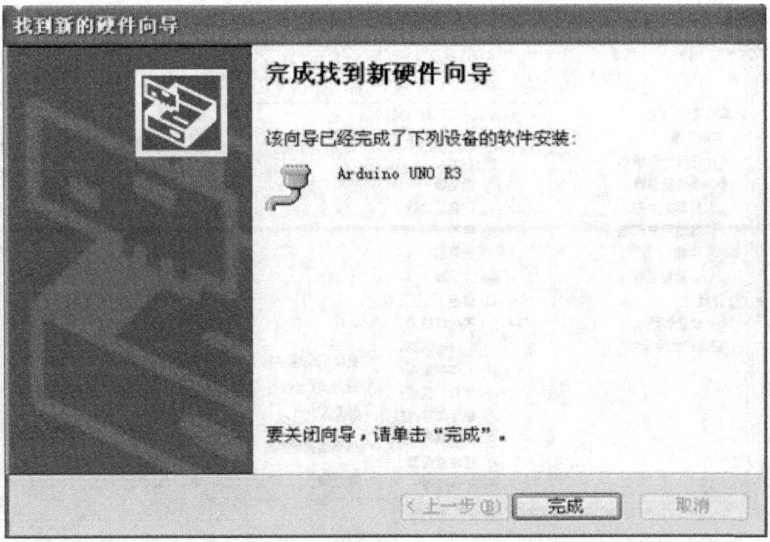

图 2.2.3　Arduino 驱动安装完成图

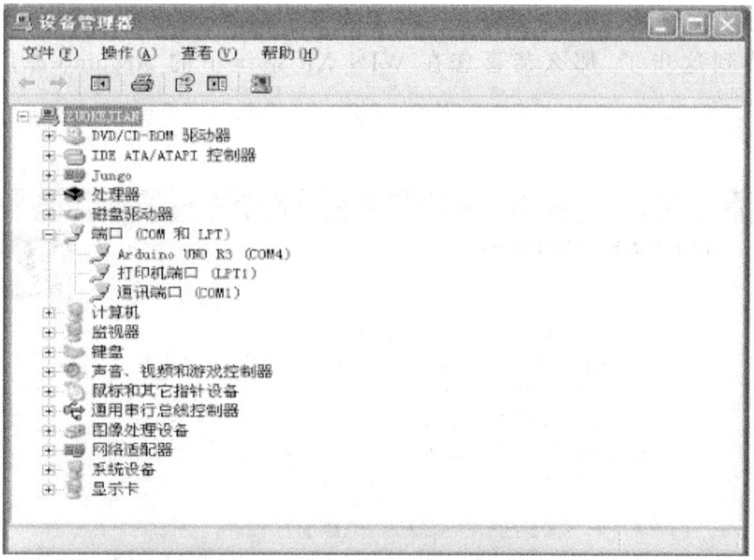

图 2.2.4　Arduino 驱动验证图

2.2.2　WIN 7 系统

如果在 WIN 7 系统上安装 Arduino 驱动，则步骤如下：

(1) 使用方头 USB 数据线连接到计算机上，这时计算机屏幕上会出现识别到新硬件显示。在“计算机管理”窗口选择“设备管理器”→“未知设备”，在“未知设备”处用鼠标右键点击一下(简称右击)，在快捷菜单中选择“更新驱动程序软件”，如图 2.2.5 所示。

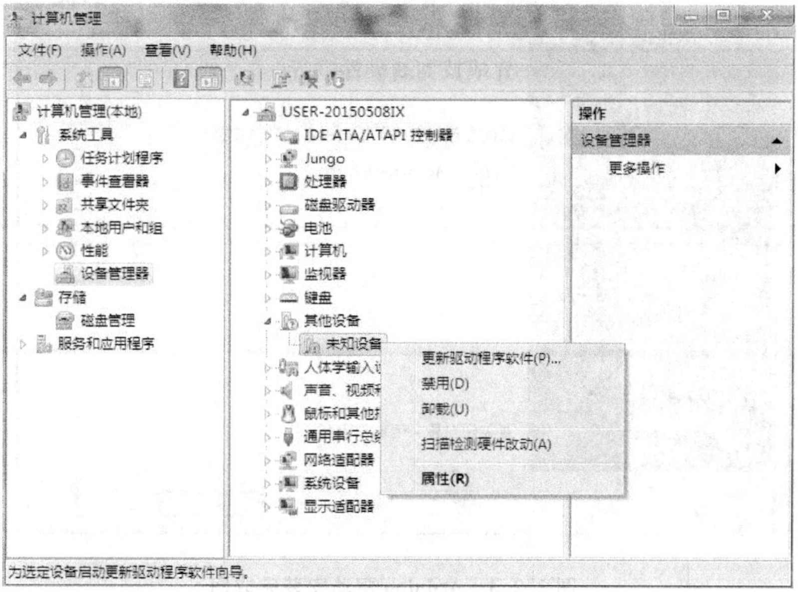

图 2.2.5　Arduino 查找驱动图

(2) 在弹出的对话框中单击"浏览"按钮,即在计算机中查找 Arduino 驱动。Arduino驱动在 IDE 软件文件夹下的 drivers 文件中,如图 2.2.6 所示。

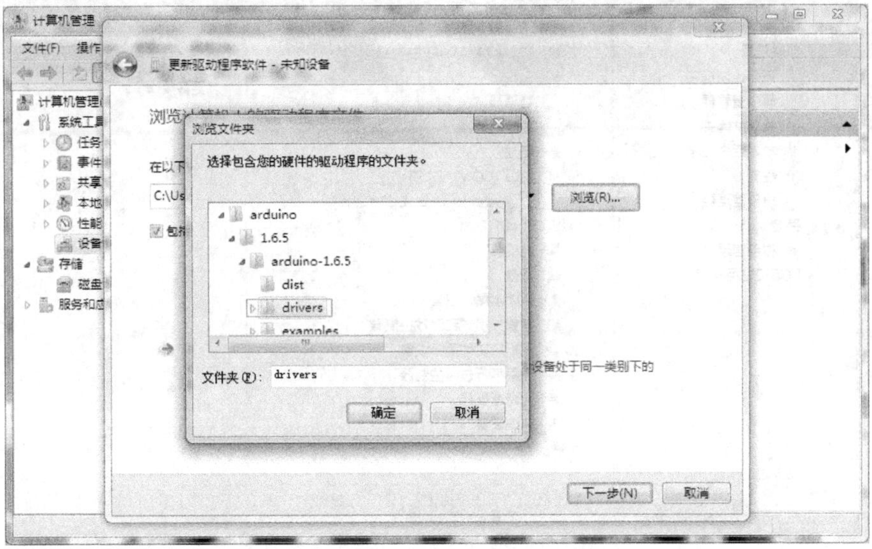

图 2.2.6 Arduino 驱动路径图

(3) 选择好之后,依次单击"确定"按钮、"下一步"按钮,片刻后软件便安装完成。

如图 2.2.7 所示,证明 Arduino 原版驱动已经安装完成。为了查看 COM 口的编号,可再次打开设备管理器。由图 2.2.8 可以确定 Arduino 驱动已经安装成功,并且显示 COM 口的编号是 COM18。

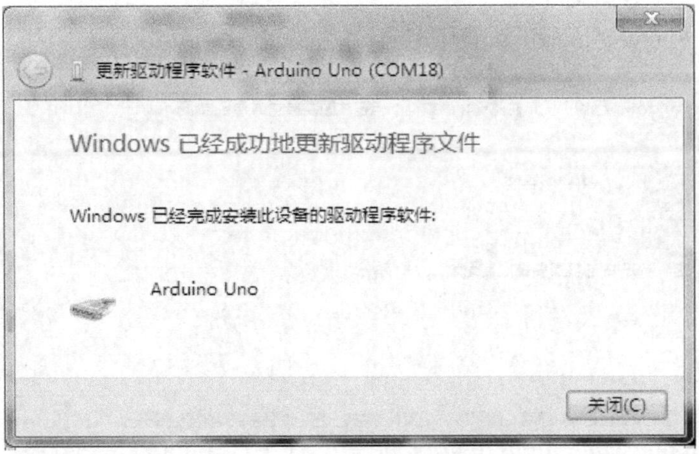

图 2.2.7 Arduino 驱动成功界面

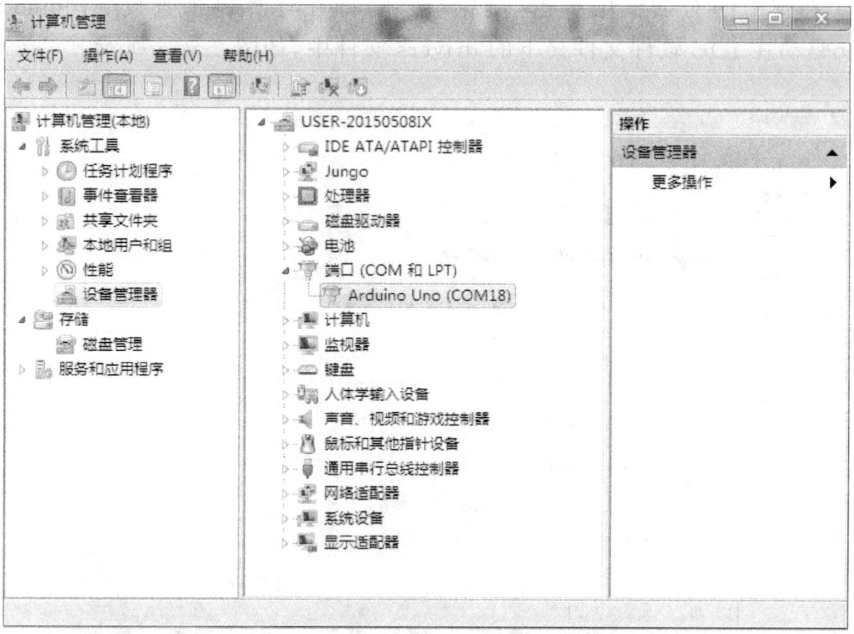

图 2.2.8　Arduino 串口标识图

在安装过程中，计算机系统会出现 Arduino 驱动错误提示界面，如图 2.2.9 所示。这时需要在系统中手动添加 Arduino 的环境到 C 盘的系统中：将“mdmcpq.inf”复制到“c:\windows\inf”目录文件中，将“usbser.sys”复制到“c:\windows\system32\drivers”目录文件中。

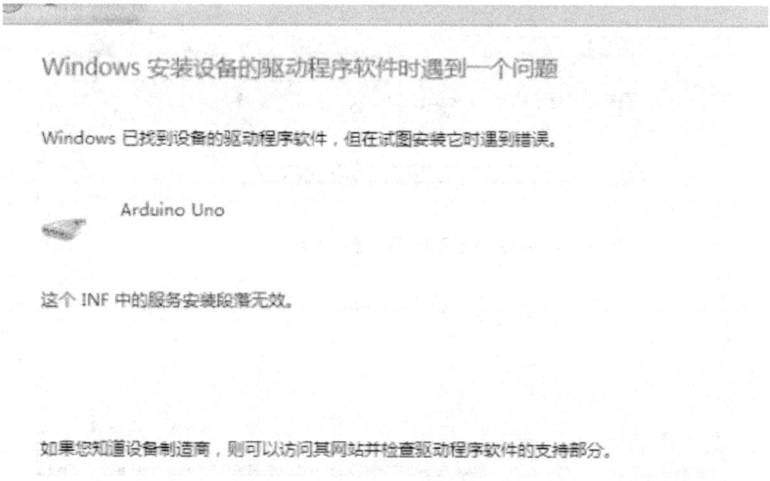

图 2.2.9　Arduino 驱动错误提示界面

2.3 软件的使用

2.3.1 软件介绍

本小节介绍 Arduino 的 IDE 界面。以 Arduino 1.6.5 IDE 为例，首先进入软件目录，然后可以看到 arduino. exe 文件，界面如图 2.3.1 所示。

图 2.3.1 编译软件存放界面

双击打开 IDE，IDE 软件初始界面如图 2.3.2 所示。工具栏按钮功能依次为程序编译、上传下载、新建程序、打开程序、保存程序和串口监视器。

各个按钮的具体功能如下：

- 编译，用以完成程序的检查与编译。
- 上传，将编译后的程序文件上传到 Arduino 板中。
- 新建，可新建一个程序文件。

打开,可以打开一个存在的程序文件,Arduino 开发环境下的程序文件后缀名为.ino。

保存,可以保存当前的程序文件。

串口监视,可以监视开发环境使用串口收发的数据。

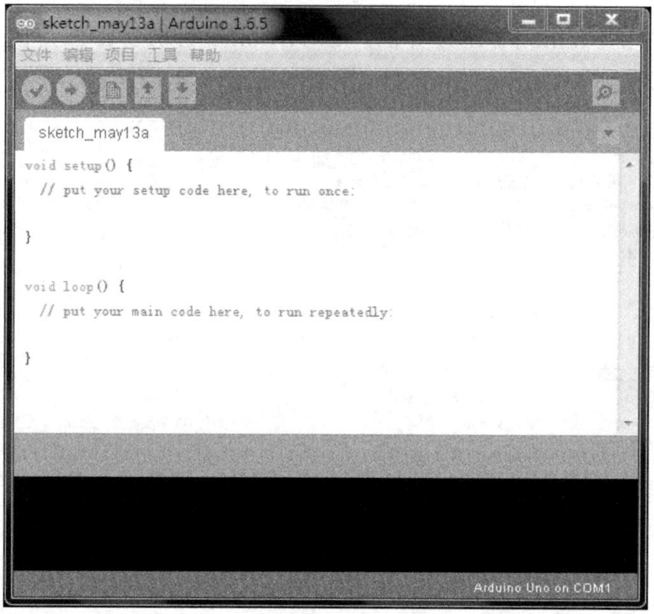

图 2.3.2　编译软件整体介绍图

如图 2.3.3 所示,打开文件(File)菜单,各菜单项介绍如下:

- 新建:可新建一个程序文件。
- 打开:可打开一个存在的程序文件,Arduino 开发环境下的程序文件后缀名为.ino。
- Open Recent:打开最近使用的文件。
- 项目文件夹:查看工程文件夹中的文件。
- 示例:打开官方程序例子列表。
- 关闭:将当前的程序关闭。
- 保存:可保存当前的程序文件。
- 另存为:将当前的程序文件另存为其他文件。
- 页面设置:设置页面细节选项。
- 打印:可打印当前显示的页面。
- 首选项:设置常用参数。
- 关闭:退出程序,关闭软件。

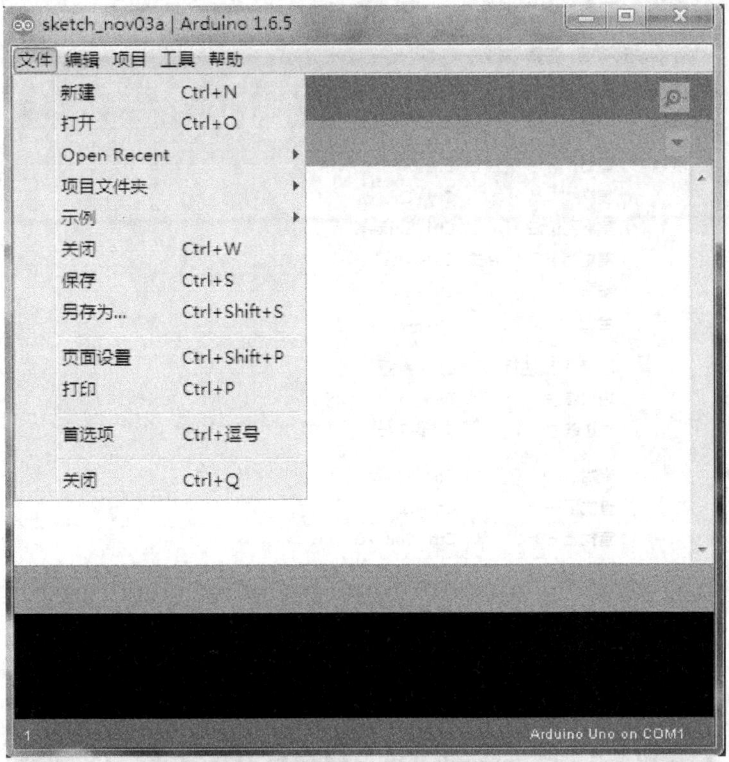

图 2.3.3 编译软件 File 菜单

如图 2.3.4 所示，打开编辑(Edit)菜单，各菜单项介绍如下：

➢ 撤消：返回上一步操作。
➢ 重做：返回一次撤消步骤，即撤消次数多时使用。
➢ 剪切：将选中内容无保留地移动到粘贴板中。
➢ 复制：将选中内容有保留地移动到粘贴板中。
➢ 复制到论坛：论坛中使用选择本项复制。
➢ 复制为 HTML 格式：网页中使用选择本项复制。
➢ 粘贴：将粘贴板内容复制出来。
➢ 全选：选择全部内容。
➢ 注释/取消注释：切换程序是否显示注释内容。
➢ 增加缩进：按 Tab 键可增加程序语言前的空格数。
➢ 减小缩进：按 Tab 键可减小程序语言前的空格数。
➢ 查找：在程序中搜索输入的内容。
➢ 查找下一个：搜索本处后最近一致的内容。
➢ 查找上一个：搜索本处前最近一致的内容。

图 2.3.4 编译软件 Edit 菜单

如图 2.3.5 所示，打开项目(Sketch)菜单，各菜单项介绍如下：

- 验证/编译：用于完成程序的检查与编译。
- 上传：将编译后的程序文件上传到 Arduino 板中。
- 使用编程器上传：编译器选用此项。
- Export compiled Binary：将编译的二进制码导出。
- 显示 Sketch 文件夹：显示草稿内容文件夹。
- Include Library：导入函数库文件。
- 添加文件：添加函数文件。

如图 2.3.6 所示，打开工具(Tools)菜单，各菜单项介绍如下：

- 自动格式化：美化程序格式，使程序条理清晰。
- 项目存档：将草稿归档储存。
- 编码修正与重载：将错误修改后重新载入。
- 串口监视器：显示串口接收和发送的窗口平台。

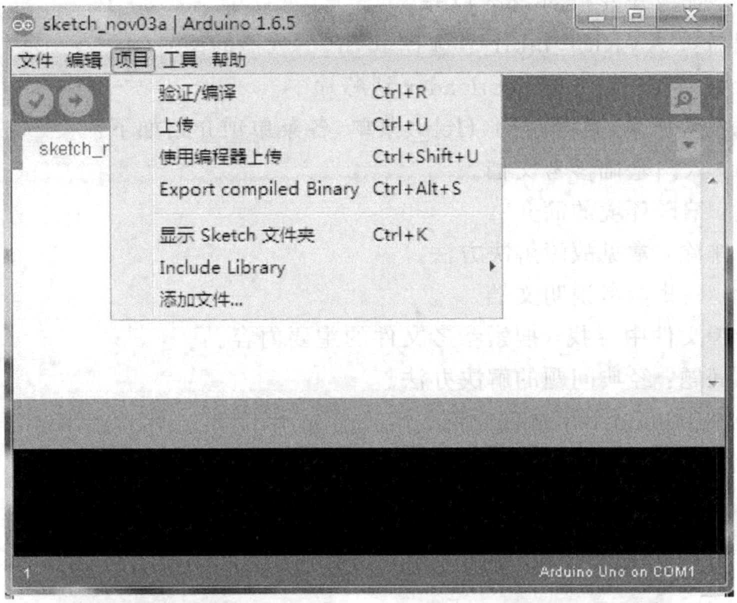

图 2.3.5　编译软件 Sketch 菜单

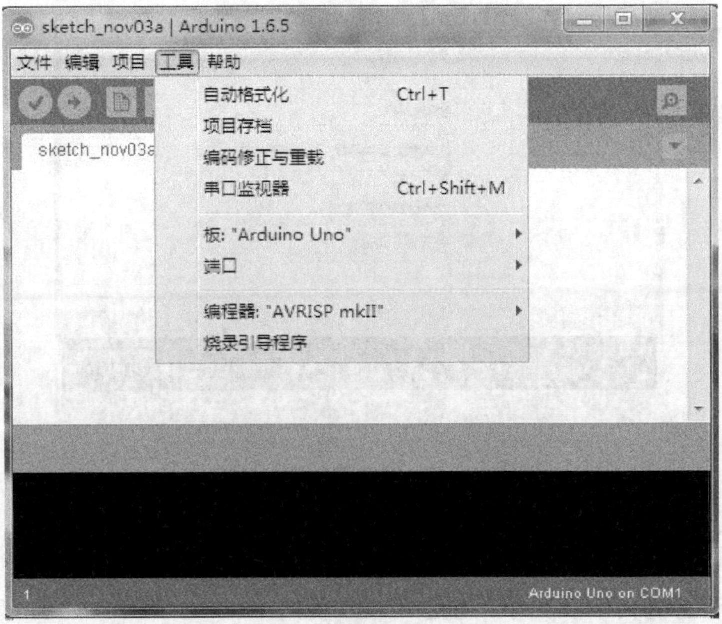

图 2.3.6　编译软件 Tools 菜单

➢ 板："Arduino Uno"：选择下载开发板的类型。
➢ 端口：选择开发板的 com 口号。
➢ 编程器："AVRISP mkII"：选择 ICSP 下载器的型号。
➢ 烧录引导程序：下载 bootloader 到芯片中。

如图 2.3.7 所示，打开帮助(Help)菜单，各菜单项介绍如下：

➢ 入门：入门基础参考文档。
➢ 环境：编译环境的简介。
➢ 故障排除：常见故障解决方法。
➢ 参考：一些参考说明文档。
➢ 在参考文件中寻找：搜索参考文件的主要内容。
➢ 常见问题：经典问题的解决办法。
➢ 访问 Aroduino.cc：访问官网。
➢ 关于 Arduino：Arduino 的注意事项。

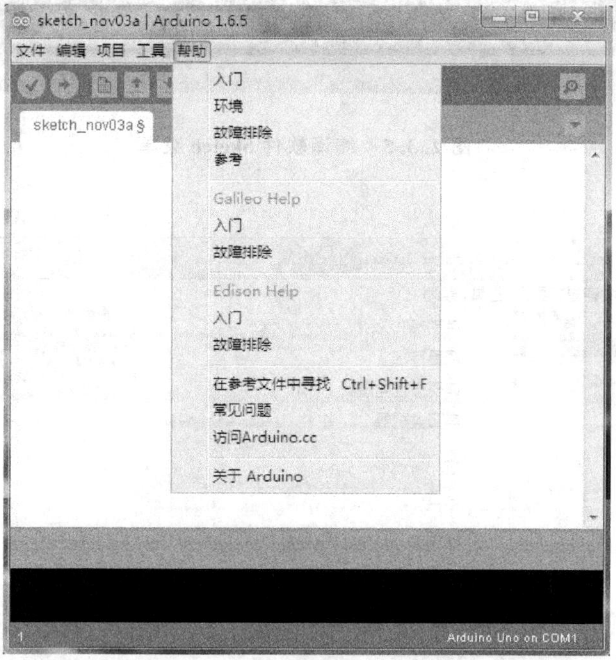

图 2.3.7 编译软件 Help 菜单

2.3.2 下载程序

本小节讲解如何下载程序：通过 IDE 软件给 Arduino UNO R3 原版开发板下载程序。

下载程序步骤如下：

（1）找到 IDE 软件并打开应用程序，如图 2.3.8、图 2.3.9 所示。

图 2.3.8　编译软件 IDE 目录

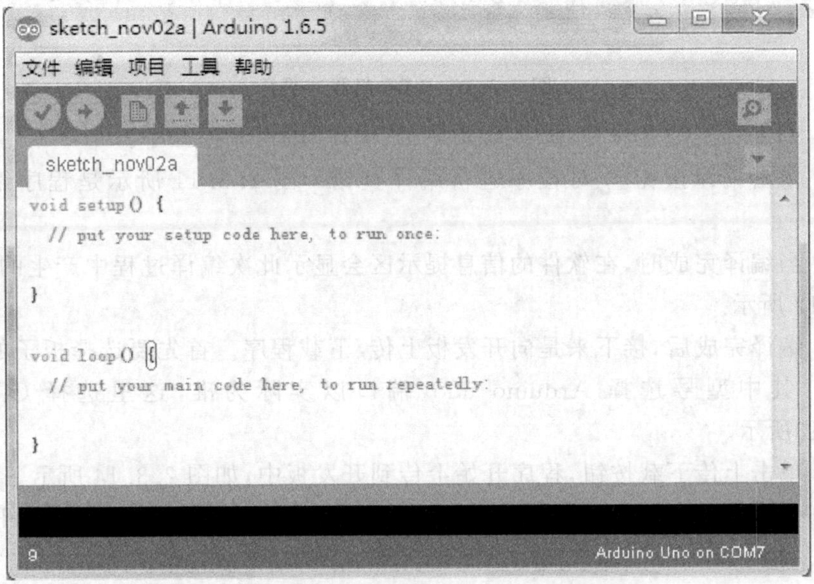

图 2.3.9　编译软件 IDE 全局界面

(2) 出现原始程序，单击按钮。以 LED 灯程序为例，打开后界面如图 2.3.10 所示。

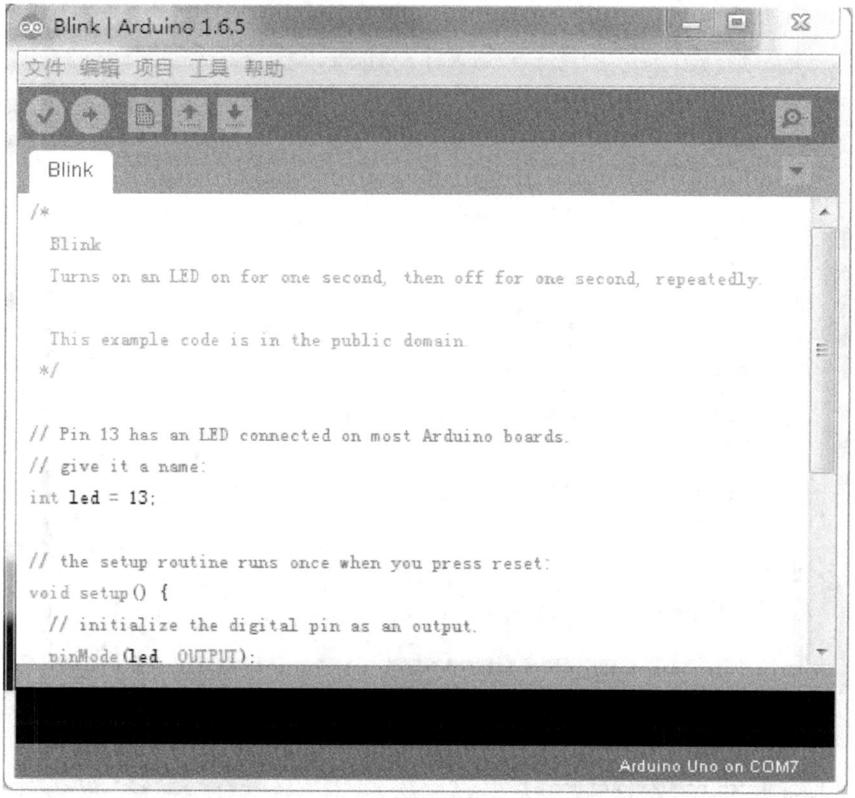

图 2.3.10 LED 灯程序界面

(3) 如果程序没有保存，那么需要单击“保存”按钮保存程序。

(4) 单击编译按钮对程序进行编译查错。图 2.3.11 所示是程序编译中的界面。

(5) 当编译完成时，在软件的信息提示区会显示此次编译过程中产生的信息，如图 2.3.12 所示。

(6) 编译完成后，接下来是向开发板上传/下载程序。首先要选择板子的型号和串口号。其中型号选择 Arduino uno，端口以实际为准，这里选择 COM1，如图 2.3.13所示。

(7) 单击上传下载按钮，程序开始上传到开发板中，如图 2.3.14 所示。

稍等片刻，程序上传完毕。至此，Arduino 开发板应用已经达到入门水平。

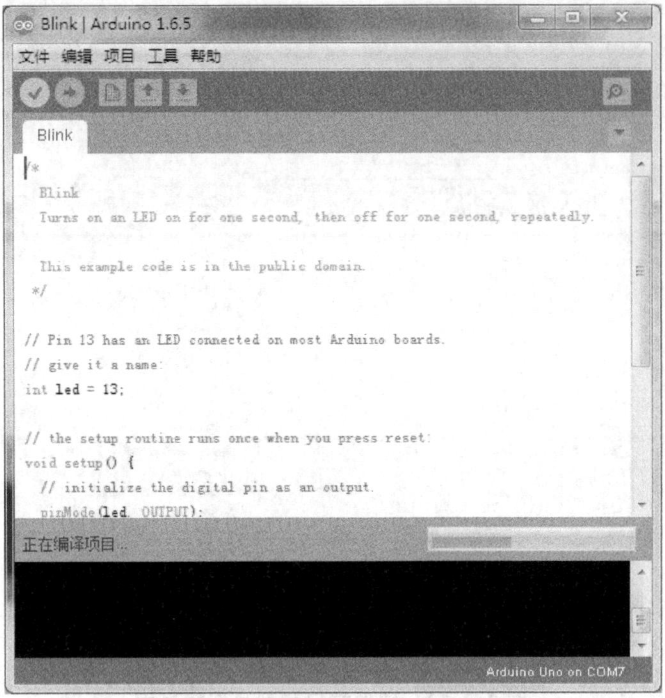

图 2.3.11 编译软件 IDE 编译界面

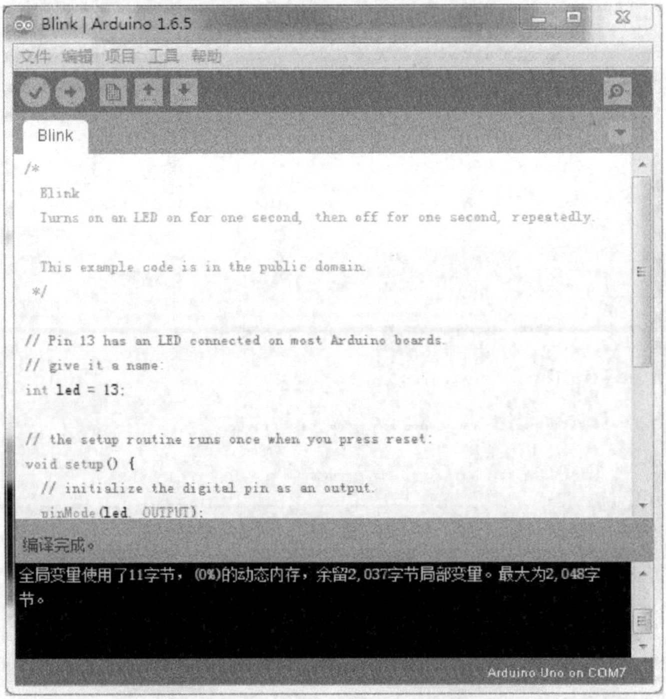

图 2.3.12 编译完成信息界面

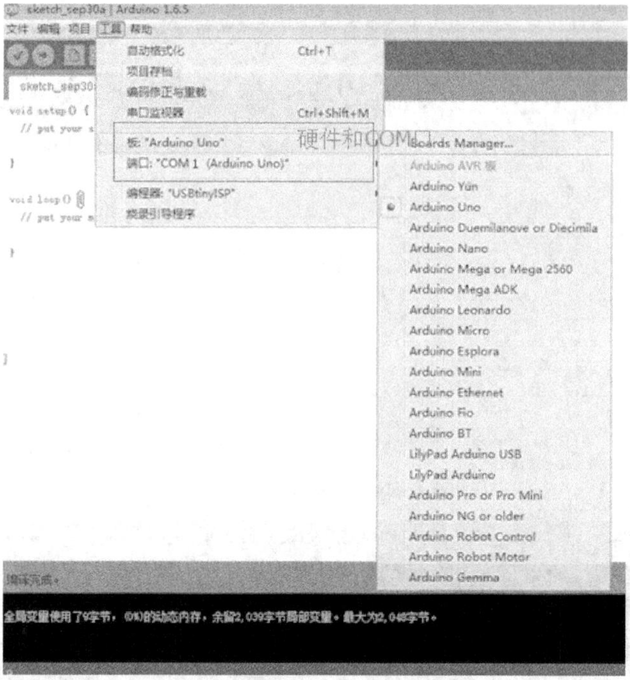

图 2.3.13 硬件端口和型号选择界面

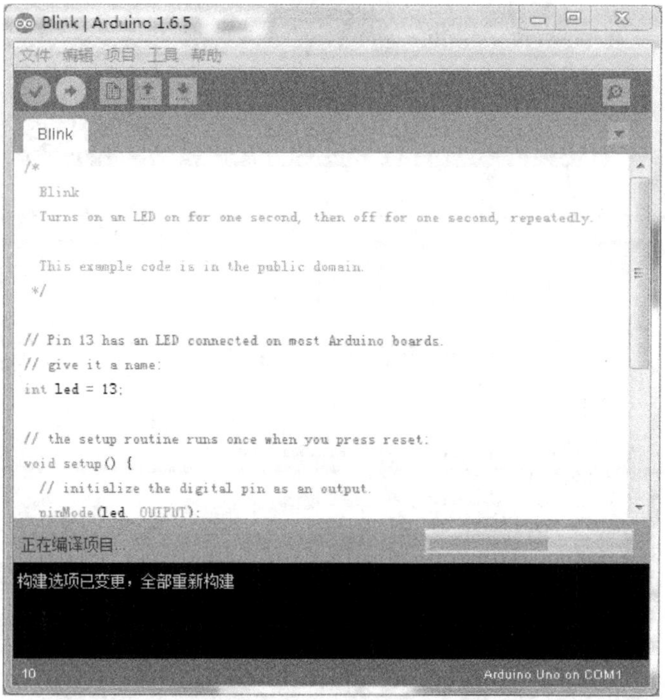

图 2.3.14 程序上传/下载界面

第 3 章

Arduino 知识介绍

Arduino 语法是建立在 C/C++语言基础上的，通常 C 语言出现的频率更高。而 Arduino 语法把基础语言相关的一些参数都进行了函数化设置，使用中可以不用了解底层硬件特性，让有微控制器基础的朋友轻松上手。

3.1 C 语言基础

3.1.1 数据类型

C 语言的数据类型有基本类型和构造类型两大类。数据类型如表 3.1.1 所列。

表 3.1.1 C 语言的数据类型

数据类型		简明含义	位 数	字节数	值 域
字节型	signed char	有符号字节型	8	1	−128～+127
	unsigned char	无符号字节型	8	1	0～255
整 型	signed short	有符号短整型	16	2	−32 768～+32 767
	unsigned short	无符号短整型	16	2	0～65 535
	signed int	有符号短整型	16	2	−32 768～+32 767
	unsigned int	无符号短整型	16	2	0～65 535
	signed long	有符号长整型	32	4	−2 147 483 648～+2 147 483 647
	unsigned long	无符号长整型	32	4	0～4 294 967 295
实 型	float	浮点型	32	4	$\pm 3.4\times(10^{-38}\sim 10^{+38})$
	double	双精度型	64	8	$\pm 1.7\times(10^{-308}\sim 10^{+308})$

注：常用的嵌入式 C 语言中的 double 类型长度为 4 字节。

构造类型有数组、结构、联合、枚举、指针和空类型。结构和联合是基本数据类型的组合；枚举是一个被命名为整型常量的集合。空类型字节长度为 0，主要有两个用途：一是明确地表示一个函数不返回任何值；二是产生一个同样空类型的指针（可根据需要动态地分配给其内存）。

3.1.2 运算符

C 语言的运算符分为算术、逻辑、关系和位运算及一些特殊的操作符。表 3.1.2 列出了 C 语言的运算符及使用方法。

表 3.1.2 C 语言的运算符及使用方法

运算类型	运算符	简明含义	举 例
算术运算	+ - * /	加、减、乘、除	N=1,N=N+5 等同于 N+=5,N=6
	^	幂	A=2,B=A^3,B=8
	%	取模运算	N=5,Y=N%3,Y=2
逻辑运算	‖	逻辑或	A=TRUE,B=FALSE,C=A||B,C=TRUE
	&&	逻辑与	A=TRUE,B=FALSE,C=A&&B,C=FALSE
	!	逻辑非	A=TRUE,B=!A,B=FALSE
关系运算	>	大于	A=1,B=2,C=A>B,C=FALSE
	>=	大于或等于	A=2,B=2,C=A>=B,C=TRUE
	<=	小于或等于	A=2,B=2,C=A<=B,C=TRUE
	==	等于	A=1,B=2,C=(A==B),C=FALSE
	!=	不等于	A=1,B=2,C=(A!=B),C=TRUE
位运算	~	按位取反	A=0b00001111,B=~A,B=0b11110000
	≪	左移	A=0b00001111,A≪2=0b00111100
	≫	右移	A=0b11110000,A≫2=0b00111100
	&	按位与	A=0b1010,B=0b1000,A&B=0b1000
增量和减量运算	^	按位异或	A=0b1010,B=0b1000,A^B=0b0010
	|	按位或	A=0b1010,B=0b1000,A|B=0b1010
	++	增量运算符	A=3,A++,A=4
	--	减量运算符	A=3,A--,A=2

续表 3.1.2

运算类型	运算符	简明含义	举 例
复合赋值运算	+=	加法赋值	A=1,A+=2,A=3
	-=	减法赋值	A=4,A-=4,A=0
	≫=	右移位赋值	A=0b11110000,A≫=2,A=0b00111100
	≪=	左移位赋值	A=0b00001111,A≪=2,A=0b00111100
	*=	乘法赋值	A=2,A*=3,A=6
	|=	按位或赋值	A=0b1010,A|=0b1000,A=0b1010
	&=	按位与赋值	A=0b1010,A&=0b1000,A=0b1000
	^=	按位异或赋值	A=0b1010,A^=0b1000,A=0b0010
	%=	取模赋值	A=5,A%=2,A=1
	/=	除法赋值	A=4,A/=2,A=2
指针和地址运算	*	取内容	A=*P
	&	取地址	A=&P
输出格式转换	0x	无符号十六进制数	0xa=0d10
	0o	无符号八进制数	0o10=0d8
	0b	无符号二进制数	0b10=0d2
	0d	带符号十进制数	0b10000001=0d-127
	0u	无符号十进制数	0b10000001=0u129

注：增量运算符和减量运算符存在运算和取数谁先谁后的情形，例如，A++是先取变量 A 的值再对 A 加 1，而++A 是先对变量 A 加 1 再取 A 的值。

3.1.3 流程控制

在程序设计中，主要有三种基本控制结构：顺序结构、选择结构和循环结构。

1. 顺序结构

顺序结构就是从前向后依次执行语句。从整体上看，所有程序的基本结构都是顺序结构，中间的某个过程可以是选择结构或循环结构。

2. 选择结构

在大多数程序中都会包含选择结构。其作用是，根据所指定的条件是否满足，决定执行哪些语句。在 C 语言中，主要有 if 和 switch 两种选择结构。

1) if 结构

```
if (表达式) 语句项;
else 语句项;
```

如果表达式取值真(除 0 以外的任何值)，则执行 if 的语句项；否则，如果 else 存在,就执行 else 的语句项。每次只会执行 if 或 else 中的某一个分支。语句项可以是单独的一条语句,也可以是多条语句组成的语句块(要用一对大括号“{}”括起来)。

if 语句可以嵌套,有多个 if 语句时 else 与最近的一个配对。对于多分支语句,可以使用 if…else if…else if…else…的多重判断结构,也可以使用下面讲到的 switch 结构。

2) switch 结构

switch 是 C 语言内部多分支选择语句,它根据某些整型和字符常量对一个表达式进行连续测试。当一常量值与其匹配时,它就执行与该变量有关的一个或多个语句。switch 语句的一般形式如下:

```
switch(表达式)
{
    case 常数 1:
    语句项 1
    break;
    case 常数 2:
    语句项 2
    break;
    ⋮
    default:
    语句项
}
```

根据 case 语句中所给出的常量值,按顺序对表达式的值进行测试,当常量与表达式值相等时,就执行这个常量所在的 case 后的语句块,直到碰到 break 语句,或者 switch 的末尾为止。若没有一个常量与表达式值相符,则执行 default 后的语句块。default 是可选的,如果它不存在,并且所有的常量与表达式值都不相符,那就不做任何处理。

switch 语句与 if 语句的不同之处在于 switch 只能对等式进行测试,而 if 可以计算关系表达式或逻辑表达式。

break 语句在 switch 语句中是可选的,如果不用 break,就继续寻找下一个条件满足的 case 语句执行,一直到碰到 break 或 switch 的末尾为止,这样的程序效率比较低。

3. 循环结构

C 语言中的循环结构常用 for 循环、while 循环及 do…while 循环。

1) for 循环

格式如下:

```
for(初始化表达式;条件表达式;修正表达式)
{循环体}
```

执行过程为:先求解“初始化表达式”;再判断“条件表达式”,若为假(0),则结束循环，转到循环下面的语句；如果其值为真（非 0），则执行“循环体”中语句。然后求解“修正表达式”；再转到判断条件表达式处，根据情况决定是否继续执行“循环体”。

2）while 循环

格式如下：

```
while(条件表达式)
{循环体}
```

当表达式的值为真（非 0）时执行循环体。其特点是：先判断，后执行。

3）do…while 循环

格式如下：

```
do
{循环体}
while(条件表达式);
```

其特点是：先执行，后判断，即当流程到达 do 后，立即执行循环体一次，然后才对条件表达式进行计算、判断。若条件表达式的值为真（非 0），则重复执行一次循环体。

4）break 和 continue 语句在循环中的应用

在循环中常常使用 break 语句和 continue 语句，这两个语句都会改变循环的执行情况。break 语句用来从循环体中强行跳出循环，终止整个循环的执行；continue 语句使其后语句不再被执行，进行新的一次循环（可以形象地理解为返回循环开始处执行）。

3.1.4 函 数

所谓函数，即子程序，也就是“语句的集合”，就是说把经常使用的语句群定义成函数，供其他程序调用。函数的编写与使用要遵循软件工程的基本规范。

使用函数要注意：函数定义时要同时声明其类型；调用函数前要先声明该函数；传给函数参数的类型要与函数原定义一致；接收函数返回值变量的类型也要与函数类型一致等。

```
函数的返回值：return 表达式；
```

return 语句用来立即结束函数，并返回一个确定值给调用程序。如果函数的类型和 return 语句中表达式的值不一致，则以函数类型为准。对数值型数据可以自动进行类型转换，即函数类型决定返回值的类型。

3.1.5 编译预处理

C 语言提供编译预处理的功能，“编译预处理”是 C 编译系统的一个重要组成部分。C 语言允许在程序中使用几种特殊的命令（它们不是一般的 C 语句）。在 C 编译系统对程序进行通常的编译(包括语法分析、代码生成、优化等)之前,先对程序中的这些特殊的命令进行“预处理”,然后将预处理的结果和源程序一起再进行常规的编译处理,以得到目标代码。C 提供的预处理功能主要有宏定义、条件编译和文件包含。

① 宏定义:

```
#define 宏名 表达式
```

表达式可以是数字、字符,也可以是若干条语句。在编译时,所有引用该宏的地方,都将自动被替换成宏所代表的表达式。例如:

```
#define PI 3.1415926          //以后程序中用到数字 3.1415926 就写 PI
#define S(r) PI * r * r       //以后程序中用到 PI * r * r 就写 S(r)
```

② 条件编译:

```
#if 表达式 #else 表达式 #endif
```

如果表达式成立,则编译#if 下的程序,否则编译#else 下的程序,#endif 为条件编译的结束标志。

```
#ifdef 宏名                    //如果宏名称被定义过,则编译以下程序
#ifndef 宏名                   //如果宏名称未被定义过,则编译以下程序
```

条件编译通常用来调试、保留程序(但不编译),或者在需要对两种状况做不同处理时使用。

③ 文件包含:是指一个源文件将另一个源文件的全部内容包含进来,其一般形式如下:

```
#include "文件名"
```

3.1.6 用 typedef 定义类型

除了可以直接使用 C 语言提供的标准类型名(如 int、char、float、double、long 等)和自己定义的结构体、指针、枚举等类型外,还可以用 typedef 定义新的类型名来代替已有的类型名。例如:

```
typedef unsigned char INT8U;
```

指定用 INT8U 代表 unsigned char 类型,这样,“unsigned char i;”和“INT8U i;”两个语句是等价的。

用法说明:

① 用 typedef 可以定义各种类型名,但不能用来定义变量。

② 用 typedef 只是对已经存在的类型增加一个类型别名,而没有创造新的类型。

③ typedef 与#define 有相似之处,如:“typedef unsigned int INT16U;”“#define INT16U unsigned int;”这两句的作用都是用 INT16U 代表 unsigned int 的。但事实上,它们二者是不同的。＃define 是在预编译时处理,它只能做简单的字符串替代,而 typedef 是在编译时处理。

④ 当不同源文件中用到各种类型的数据(尤其是像数组、指针、结构体、共用体等较复杂的数据类型)时,常用 typedef 定义一些数据类型,并把它们单独存放在一个文件中,而后在需要用到它们的文件中用＃include 命令把它们包含进来。

⑤ 使用 typedef 有利于程序的通用与移植。

以上为基础 C 语言语法的关键字和符号,大家可以先了解,具体使用可以结合实验的程序。

3.2 结 构

开发环境中主要分为初始化部分和死循环执行部分,初始化部分的作用是把函数进行初始化,使程序能正常运行。内容包括初始化引脚、调用库函数等。该部分在程序开始时执行一次。死循环执行部分(loop),为顺序执行该部分,执行到最后一条语句后再从 loop 第一条语句执行。

void setup():初始化变量,引脚模式,调用库函数等。

void loop():连续执行函数内的语句,死循环执行语句。

各部分程序注解图如图 3.2.1 所示。

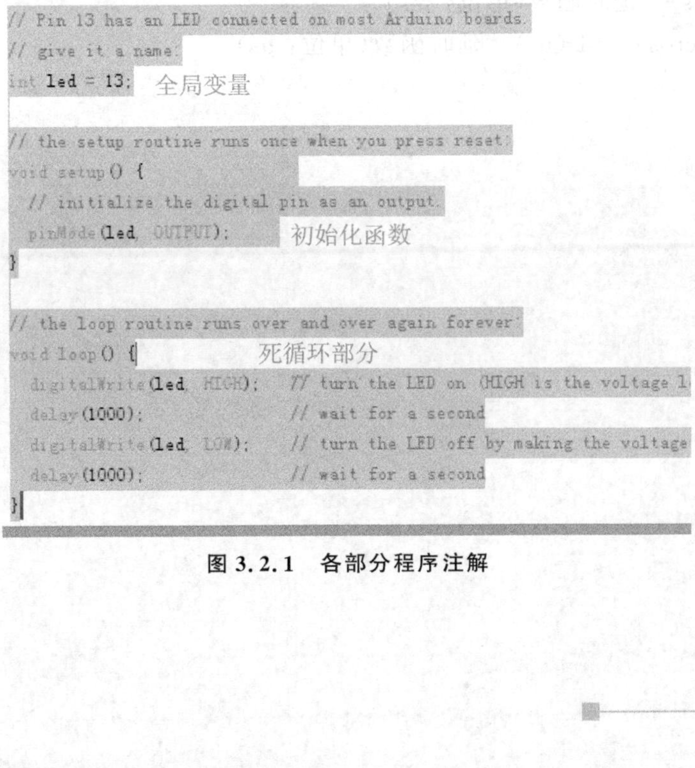

图 3.2.1 各部分程序注解

3.3 常调用的函数

1. 数字 I/O

pinMode(pin,mode) 数字 I/O 口模式定义函数。pin 表示 0～13,mode 表示 INPUT 或 OUTPUT。

digitalWrite(pin,value) 数字 I/O 口输出电平定义函数。pin 表示 0～13,value 表示 HIGH 或 LOW。比如定义 HIGH 可以驱动 LED。

int digitalRead(pin) 数字 I/O 口读输入电平函数。pin 表示 0～13,value 表示 HIGH 或 LOW。比如可以读数字传感器。

2. 模拟 I/O

int analogRead(pin) 模拟 I/O 口读函数。pin 表示 0～5(ArduinoDiecimila 为 0～5,Arduino nano 为 0～7)。比如可以读模拟传感器(10 位 A/D,0～5 V 表示为 0～1 023)。

analogWrite(pin,value) PWM 数字 I/O 口输出 PWM 函数。Arduino 数字 I/O口标注了 PWM 的I/O口可使用该函数,pin 表示 3、5、6、9、10、11,value 表示 0～255。比如用于电机 PWM 调速或音乐播放。

3. 时间函数

delay(ms) 延时函数(单位：ms)。

delayMicroseconds(us) 延时函数(单位：μs)。

第4章 Arduino命令和常用语法

4.1 Arduino 常用字符定义

HIGH | LOW 表示数字 I/O 口的电平。HIGH 表示高电平(1),LOW 表示低电平(0)。

INPUT | OUTPUT 表示数字 I/O 口的方向。INPUT 表示输入(高阻态),OUTPUT 表示输出(AVR 能提供 5 V 电压 40 mA 电流)。

true | false 表示真和假。true 表示真(1),false 表示假(0)。

4.2 输入/输出函数

Arduino 内含了一些处理输出与输入的切换功能。

1. pinMode(pin,mode)

将数字引脚位(digital pin)指定为输入或输出。

范例:

```
pinMode(7,INPUT);  //将引脚位 7 设定为输入模式
```

2. digitalWrite(pin,value)

将数字引脚位指定为开或关。引脚位必须先通过 pinMode 明示为输入或输出模式,digitalWrite 才能生效。

范例:

```
digitalWrite(8,HIGH);  //将引脚位 8 设定为输出高电位
```

3. int digitalRead(pin)

将输入引脚位的值读出,当感测到引脚位处于高电位时回传 HIGH,否则回

传 LOW。

范例：

```
val = digitalRead(7);  //读出引脚位 7 的值并指定给 val
```

4. int analogRead(pin)

读出类比引脚位的电压并回传一个 0～1 023 的数值表示相对应的 0～5 V 的电压值。

范例：

```
val = analogRead(0);  //读出类比引脚位 0 的值并指定给 val 变量
```

5. analogWrite(pin,value)

更改 PWM 引脚位的输出电压值，引脚位通常会在 3、5、6、9、10、11。value 变量取值范围为 0～255，例如：输出电压 2.5 V，该值大约是 128。

范例：

```
analogWrite(9,128);  //输出电压约 2.5 V
```

6. shiftOut(dataPin,clockPin,bitOrder,value)

把数据传给用来延伸数据输出的暂存器，函式使用一个引脚位为数据，一个引脚位为时钟。bitOrder 用来表示位元间移动的方式（LSBFIRST 最低有效位元或是 MSBFIRST 最高有效位元），最后 value 会以 byte 形式输出。此函式通常用于延伸数位的输出。

范例：

```
shiftOut(dataPin,clockPin,LSBFIRST,255);
```

7. unsigned long millis()

回传单片机开始执行到目前的时间（单位：ms）。

范例：

```
duration = millis() - lastTime;  //表示自 lastTime 至当下的时间
```

8. delay(ms)

暂停单片机执行一段时间（单位：ms）。

范例：

```
delay(500);  //暂停半秒(500 ms)
```

9. delay Microseconds(us)

暂停单片机执行一段时间（单位：μs）。

范例：

```
delay Microseconds(1000);  //暂停 1 ms
```

10. pulseIn(pin,state,timeout)

读取脉冲宽度。例如：如果值为高，则函数等待 pin 是高电平开始计时，等待 pin 变成低电平接收计时。返回脉冲的这段时间，如果在 timeout 时间段内没有结束，则返回 0。

格式：

```
pulseIn(pin,value)
pulseIn(pin,value,timeout)
```

变量接收：

pin：需要读取的数值 I/O 口。

value：脉冲读取类型，可为高电平或者低电平。

timeout：等待脉冲读到完成的最长时间，默认为 1 min。

4.3 数学函式

数学函式包括三角函数以及基本的数学运算。

1. min(x,y)

回传两数之间较小者。

范例：

```
val = min(10,20);  //回传 10
```

2. max(x,y)

回传两数之间较大者。

范例：

```
val = max(10,20);  //回传 20
```

3. abs(x)

回传该数的绝对值，可以将负数转为正数。

范例：

```
val = abs(-5);  //回传 5
```

4. constrain(x,a,b)

判断 x 变数位于 a 与 b 之间的状态。若 x 小于 a 则回传 a，介于 a 与 b 之间则回传 x,大于 b 则回传 b。

范例:

```
val = constrain(analogRead(0),0,255);  //忽略大于 255 的数
```

5. map(value,fromLow,fromHigh,toLow,toHigh)

将 value 变数依照 fromLow 与 fromHigh 的范围,对等转换至 toLow 与 toHigh 的范围。常用于读取类比信号,转换至程式所需要的范围值。

例如:

```
val = map(analogRead(0),0,1023,100,200);  //将 analog0 所读取到的信号对等转换
                                          //至 100～200 之间的数值
```

6. double pow(base,exponent)

回传一个数(base)的指数(exponent)值。

范例:

```
double x = pow(y,32);  //设定 x 为 y 的 32 次方
```

7. double sqrt(x)

回传 double 型态的取平方根值。

范例:

```
double a = sqrt(1138);  //回传 1 138 平方根的近似值 33.734 256 744 38
```

8. double sin(rad)

回传角度(radians)的三角函数正弦值。

范例:

```
double sine = sin(2);  //近似值 0.90929737091
```

9. double cos(rad)

回传角度(radians)的三角函数余弦值。

范例:

```
double cosine = cos(2);  //近似值 - 0.416 146 850 58
```

10. double tan(rad)

回传角度(radians)的三角函数正切值。

范例:

```
double tangent = tan(2);  //近似值 - 2.185 039 758 68
```

4.4 通信函数

1. Serial.begin(speed)

你可以指定 Arduino 从计算机交换信息的速率，通常使用 9 600 b/s。当然也可以使用其他的速率，但是通常不会超过 115 200 b/s。

范例：

```
Serial.begin(9600);
```

2. Serial.print(data)

```
Serial.print(data,encoding);
```

把数据传输到计算机，提供编码方式的选项。如果没有指定，则预设以一般文字传送。

范例：

```
Serial.print(75);              //列印出 75
Serial.print(75,DEC);          //列印出 75
Serial.print(75,HEX);          //4B(75 的十六进制数)
Serial.print(75,OCT);          //113(75 的八进制数)
Serial.print(75,BIN);          //1001011(75 的二进制数)
Serial.print(75,BYTE);         //K(以 byte 进行传送,以 ASCII 编码方式显示)
```

3. Serial.println(data)

```
Serial.println(data,encoding)
```

与 Serial.print()相同，但会在数据尾端加上换行字符。如同你在键盘上打了一些资料后按下 Enter 键。

范例：

```
Serial.println(75);            //列印出 75
Serial.println(75,DEC);        //列印出 75
Serial.println(75,HEX);        //4B
Serial.println(75,OCT);        //113
Serial.println(75,BIN);        //1001011
Serial.println(75,BYTE);       //K
```

4. int Serial.available()

回传有多少位元素(bytes)的数据尚未被 read()函式读取，如果回传值是 0，则代表所有接收到数据都已经被 read()函式读取。

范例：

```
int count = Serial.available();
```

5. int Serial.read()

读取1 byte的序列资料。

范例：

```
int data = Serial.read();
```

6. Serial.flush()

有时候因为存储速度太快，超过程式处理资料的速度，这时可以使用此函式清除缓冲区内的资料。经过此函式的清除，可以确保缓冲区(buffer)内的资料都是最新的。

范例：

```
Serial.flush();
```

4.5 中断函数

1. Interrupts()和noInterrupts()

interrupts和noInterrupts函数在Arduino中负责打开和关闭总中断，函数无返回值，无入口参数。

2. attachInterrupt(interrupt,function,mode)

attachInterrupt函数用于设置外部中断。该函数有3个参数：interrupt、function、mode，分别表示中断源、中断处理函数、触发模式。参数中断源可选0或1，在Arduino中一般对应2号和3号数字引脚；参数中断处理函数用来指定中断的处理函数，参数值为函数的指针，触发模式有4种类型：LOW(低电平触发)、CHANGE(变化时触发)、RISING(低电平变为高电平时触发)、FALLING(高电平变为低电平时触发)。

例如：

```
attachInterrupt(0,blink,CHANGE);   //中断源：1
```

3. void detachInterrupt(uint8 pin)

detachInterrupt函数用于取消中断。

例如：

```
detachInterrupt (0);   //中断源：1
```

实 践 篇

第 5 章

Arduino 实战操作

5.1 串口通信实验

由图 5.1.1 可以看出，AVR 单片机的串行通信口（Rxd 和 Txd）除了接在 USB 到串行数据的转换芯片上之外，还作为 Landzoduino 的 0 号和 1 号引脚，在板上有明确的标识。

图 5.1.1 Landzoduino 开发板上的串行通信口

5.1.1 实验原理

串口通信实验采用编程线将 Landzoduino 开发板和计算机连接起来，每隔 20 ms，Landzoduino 通过编程线向串口监视窗发送“Hello World!”信息。

5.1.2 硬件电路

串口通信实验器件参考表 5.1.1。

串口通信实验接线图参考图 5.1.2。

表 5.1.1　串口通信实验器件列表

实验器件	数　量
Landzoduino 开发板	1 块
编程线	1 根

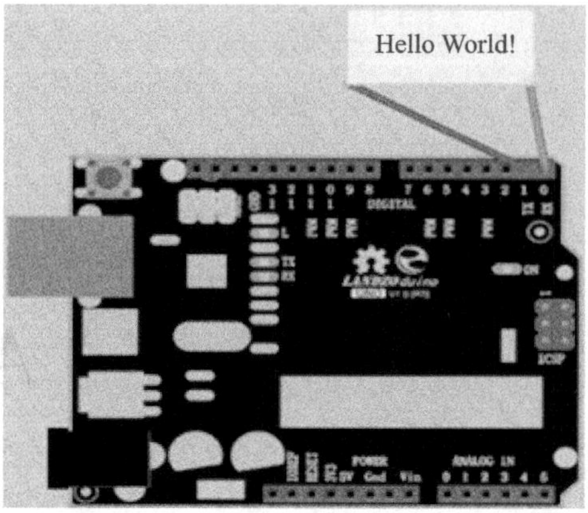

图 5.1.2　串口通信实验接线图

5.1.3　程序设计

程序代码如下：

```
/**************************************************************
串口通信实验程序
每隔 1 s 发送一次“Hello World!”字符
http://www.landzo.com/
This example code is in the public domain.
**************************************************************/

/**************************************************************
        初始化部分_setup()函数
**************************************************************/
void setup()
{
    //设置串口波特率为 9 600 b/s
    Serial.begin(9600);
}

/**************************************************************
        执行部分_loop()函数
**************************************************************/
void loop()
{
    //发送“Hello World!”字符
    Serial.println("Hello World!");
    //延时 1 s
```

```
    delay(1000);
}
```

Serial.begin()函数的作用是为串口传输数据设置传输速率,即每秒传输位数,也就是通常所说的波特率。当与计算机进行通信时,可选择使用 300、1 200、2 400、4 800、9 600、14 400、19 200、28 800、38 400、57 600 或 115 200 数值。其中,本实验所用到的波特率是 9 600。

5.1.4 实验操作

(1) 插上编程线,把程序下载到 Landzoduino 控制板上。

(2) 下载成功后,不要拔掉编程线,此时编程线作为串口功能使用。

(3) 在菜单栏中选择"工具"→"串口监视器"菜单项,如图 5.1.3 所示。

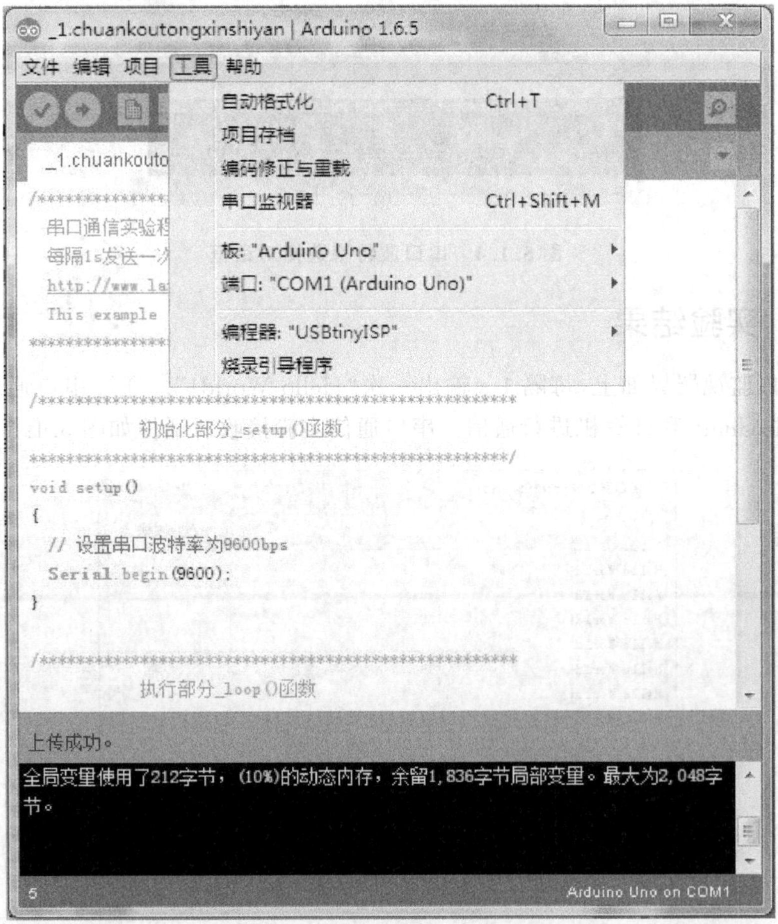

图 5.1.3 打开"串口监视器"

(4) 如图 5.1.4 所示,在串口监视器对话框的右下角选择相应的波特率。

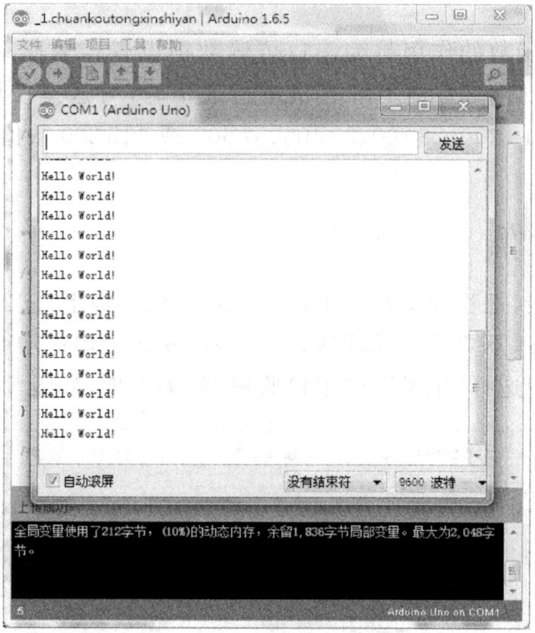

图 5.1.4　串口波特率选择对话框

5.1.5　实验结果

在串口监视器界面上,每隔 1 s 输出一次"Hello World!"。通过串口通信实验,成功将 Landzoduino 和计算机进行通信。串口通信实验接收对话框如图 5.1.5 所示。

图 5.1.5　串口通信实验接收对话框

5.2 板载 LED 实验

板载 LED 实验是通过数字口实现对 LED 灯的控制，使直插在 Landzoduino 板上的 LED 灯闪烁。

5.2.1 实验原理

LED 是英文 Light Emitting Diode（发光二极管）的缩写。它的基本结构是一块电致发光的半导体材料，置于一个有引线的架子上，然后四周用环氧树脂密封，起到保护内部芯线的作用，所以 LED 的抗振性能好。LED 结构图如图 5.2.1 所示。

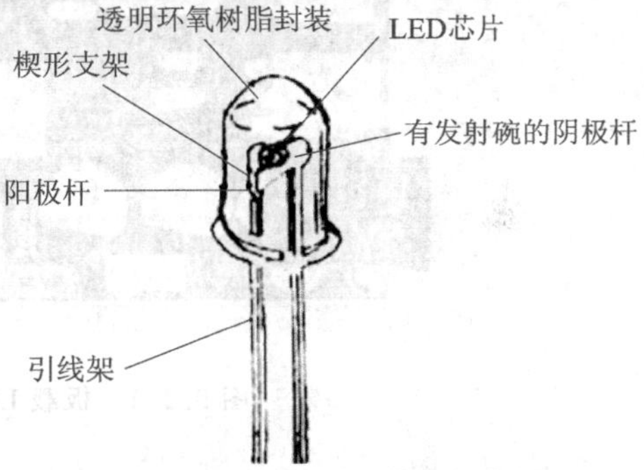

图 5.2.1 LED 结构图

发光二极管的核心部分是由 P 型半导体和 N 型半导体组成的晶片，在 P 型半导体和 N 型半导体之间有一个过渡层，称为 PN 结。在某些半导体材料的 PN 结中，注入的少数载流子与多数载流子复合时会把多余的能量以光的形式释放出来，从而把电能直接转换为光能。PN 结加反向电压，少数载流子难以注入，故不发光。这种利用注入式电致发光原理制作的二极管叫发光二极管，通称 LED。当它处于正向工作状态（即两端加上正向电压），电流从 LED 阳极流向阴极时，半导体晶体就发出从紫外到红外不同颜色的光线，光的强弱与电流的大小有关。

因此，在本实验中，利用 Landzoduino 数字口 13 引脚对 LED 灯两端加正向电压，LED 灯就亮了，对 LED 灯两端不加电压，LED 灯就灭了。如此快速反复，即可实现 LED 灯闪烁的过程。

5.2.2 硬件电路

板载 LED 实验器件参考表 5.2.1。

表 5.2.1 板载 LED 实验器件列表

实验器件	数 量
Landzoduino	1 块
编程线	1 根
LED	1 个

板载 LED 实验接线图参考图 5.2.2。

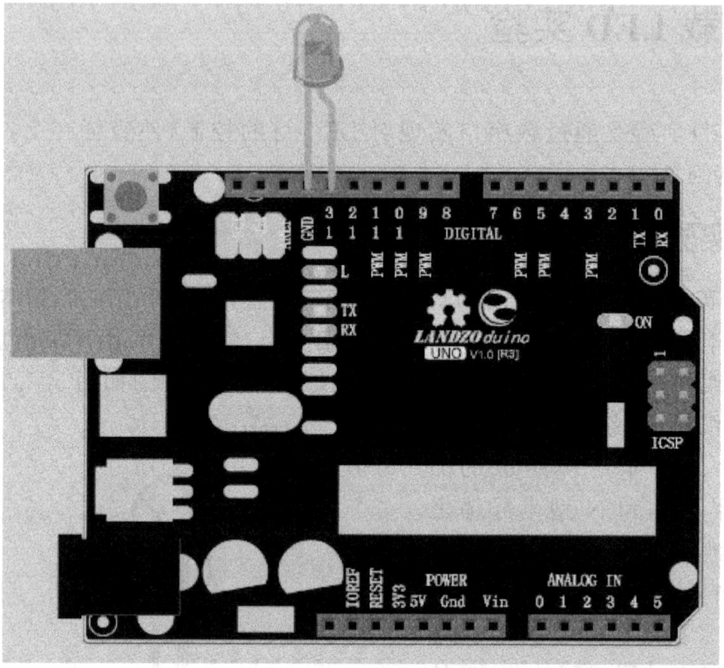

图 5.2.2　板载 LED 实验接线图

5.2.3　程序设计

程序代码如下：

```
/*******************************************************
板载 LED 实验程序
LED 灯亮 1 s 灭 1 s,重复运行
http://www.landzo.com/
This example code is in the public domain.
*******************************************************/

//数字口 13 引脚在本程序中用 led 字符代替
int led = 13;

/*******************************************************
               初始化部分_setup()函数
*******************************************************/
void setup() {
    //设置数字口 13 引脚为输出模式
    pinMode(led,OUTPUT);
}
```

```
/****************************************************
          执行部分_loop()函数
****************************************************/
void loop() {
    //设置数字口 13 引脚为高电平,此时 LED 灯亮
    digitalWrite(led,HIGH);
    //延时 1 s
    delay(1000);
    //设置数字口 13 引脚为低电平,此时 LED 灯熄灭
    digitalWrite(led,LOW);
    //延时 1 s
    delay(1000);
}
```

"int led＝13;"语句的作用是将 Landzoduino 开发板上数字口 13 引脚用 led 英文字符代替,目地是使程序简洁、高效。执行部分 loop()函数的特点是,当执行完最后一条语句时,返回第一条语句重复执行。LED 灯重复亮 1 s、熄灭 1 s 的动作,因此产生闪烁现象。

5.2.4　实验操作

(1) 将 LED 灯按图 5.2.2 插到 Landzoduino 开发板上。注意,LED 灯是有正负极的。长引脚是正极,短引脚是负极。长引脚插数字口 13,短引脚负极插 GND。

(2) 插上编程线,把程序下载到 Landzoduino 控制板上。

(4) 观察 LED 灯运行的情况。

5.2.5　实验结果

LED 灯持续闪烁,每次常亮时间为 1 s,熄灭时间为 1 s。当不间断地给 LED 灯通电时,可以实现 LED 灯的闪烁。由板载 LED 实验可知,如果 LED 有导通的电压,LED 就会发光。这对我们后续的学习很有帮助。

5.3　LED 闪烁实验

LED 闪烁实验是通过数字口的电平变化,实现对插在面包板上的 LED 产生闪烁现象。本实验借助面包板,系统阐述对 LED 灯等实验器件的应用。

5.3.1　实验原理

LED 的作用是可以把电能转化成光能,在电路及仪器中作为指示灯,或者组成

文字或数字显示。LED 主要由镓(Ga)与砷(As)、磷(P)的化合物制成。其中,磷砷化镓二极管发红光,磷化镓二极管发绿光,碳化硅二极管发黄光,如图 5.3.1 所示为能发多种颜色光的 LED。

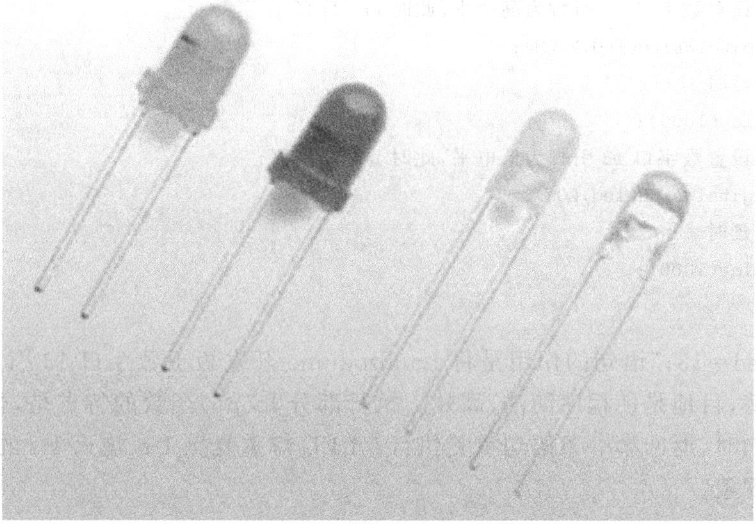

图 5.3.1 能发多种颜色光的 LED

发光二极管内阻很小,长时间使用时必须串联限流电阻以控制通过管子的电流。限流电阻 R 可用下式计算:

$$R=(E-V_F)/I$$

式中:E 为电源电压;V_F 为 LED 的正向电压;I 为 LED 的工作电流。发光二极管的工作电压一般为 1.5～2.0 V,其工作电流一般为 10～20 mA。所以在 5 V 的数字逻辑电路中,可使用 220 Ω 的电阻作为限流电阻。

因此,在本实验中,对 Landzoduino 数字口 8 引脚进行控制,实现了 LED 的闪烁。本实验在面包板上进行,具体硬件连接参考图 5.3.2。

5.3.2 硬件电路

LED 闪烁实验器件参考表 5.3.1。

LED 闪烁实验接线图参考图 5.3.2。

LED 灯有两种连线方法:

(1) 当 LED 灯的阳极通过限流电阻与板子上的数字 I/O 口相连,且数字口输出高电平时,LED 导通,发光二极管发出亮光;数字口输出低电平时,LED 截止,发光二极管熄灭,如图 5.3.3 所示。

表 5.3.1 LED 闪烁实验器件列表

实验器件	数 量
Landzoduino	1 块
编程线	1 根
面包板	1 块
LED	1 个
220 Ω 电阻	1 个
杜邦线	若干

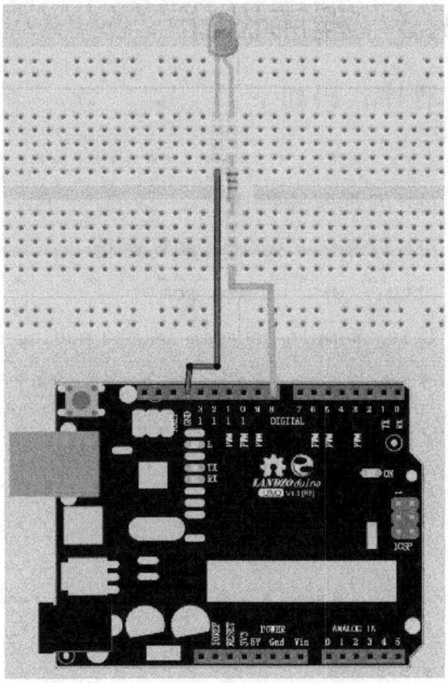

图 5.3.2 LED 闪烁实验接线图

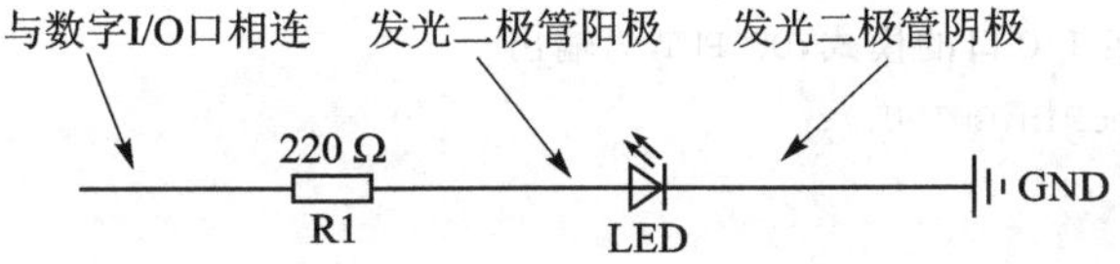

图 5.3.3 LED 阴极接地图

(2) 当 LED 灯的阴极与板子上的数字 I/O 口相连时，数字口输出高电平，LED 截止，发光二极管熄灭；数字口输出低电平，LED 导通，发光二极管点亮，如图 5.3.4 所示。

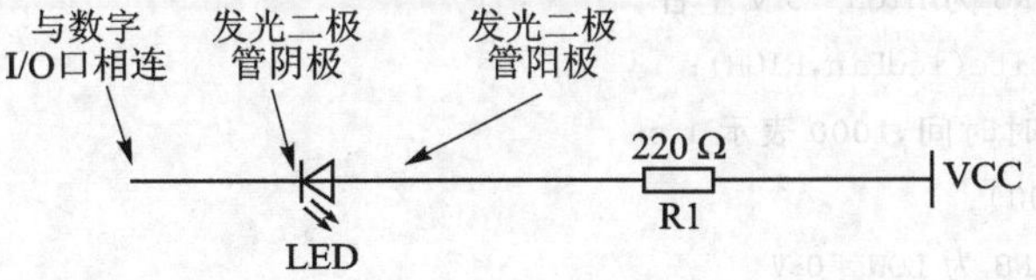

图 5.3.4 LED 阴极接 I/O 口图

本实验选择了第一种接线方法连接发光二极管，将 220 Ω 电阻的一端插在面包板上，与第 8 个数字 I/O 口通过导线相连，电阻的另一端也插在面包板上，和发光二极管通过面包板相连，发光二极管的负极插在面包板上与 GND 相连。

5.3.3 程序设计

程序代码如下：

```
/***************************************************
LED 闪烁实验程序
LED 灯亮 1 s 灭 1 s,重复运行
http://www.landzo.com/
This example code is in the public domain.
***************************************************/

//设定控制 LED 的数字 I/O 引脚
int ledPin = 8;

/***************************************************
            初始化部分_setup()函数
***************************************************/
void setup()
{
    //设定数字 I/O 口的模式,OUTPUT 为输出
    pinMode(ledPin,OUTPUT);
}

/***************************************************
            执行部分_loop()函数
***************************************************/
void loop()
{
    //设定 PIN8 为 HIGH = 5 V 左右
    digitalWrite(ledPin,HIGH);
    //设定延时时间,1000 表示 1 s
    delay(1000);
    //设定 PIN8 为 LOW = 0 V
    digitalWrite(ledPin,LOW);
    //设定延时时间,1000 表示 1 s
    delay(1000);
}
```

从 Arduino 教程中可以知道,Arduino 语法是以 setup()函数开头、loop()函数作为主体的一个程序框架。setup()函数可初始化变量,设置引脚模式,调用库函数

等,此函数只运行一次。本程序在 setup()函数中用数字 I/O 口模式定义函数 pinMode(pin,mode),将数字的第 8 引脚设置为输出模式。

loop()函数是一个循环函数,函数内的语句周而复始地循环执行。本程序在 loop()函数中先用数字 I/O 口输出电平定义函数 digitalWrite(pin,value),将数字 8 口定义为高电平,点亮 LED 灯;接着调用延时函数 delay(ms)延时 1 000 ms,让发光二极管亮 1 s;再用数字 I/O 口输出电平定义函数 digitalWrite(pin,value),将数字 8 口定义为低电平,熄灭 LED 灯;接着再调用延时函数 delay(ms)延时 1 000 ms,让发光二极管熄灭 1 s。因为 loop()函数是一个循环函数,所以这个过程会不断地循环。

5.3.4 实验操作

连接电路前,首先对面包板的结构和使用方法作简单介绍。

面包板的外观结构如图 5.3.5 所示。常见的最小单元面包板分上、中、下三部分,上下两部分一般是由一行或两行的插孔构成的窄条,中间部分是由一条隔离凹槽和上下各 5 行的插孔构成的宽条。

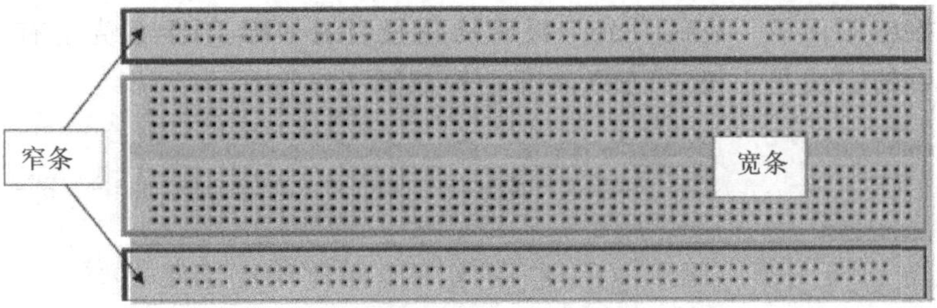

图 5.3.5 面包板外观结构图

对于上下两部分窄条,其外观和内部结构如图 5.3.6 所示。

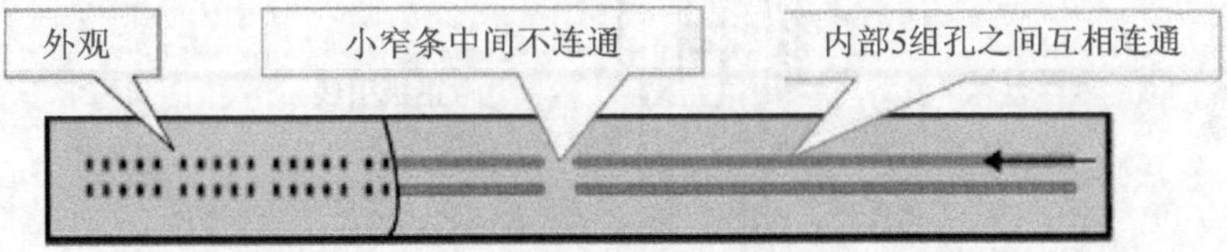

图 5.3.6 窄条面包板外观及内部结构图

窄条上下两行之间电气不连通。每 5 个插孔为一组,通常的面包板上有 10 组或 11 组。对于 10 组的结构,左边 5 组内部电气连通,右边 5 组内部电气连通,但左右两边不连通,这种结构通常称为 5 - 5 结构。还有一种 3 - 4 - 3 结构,即左边 3 组内部电气连通,中间 4 组内部电气连通,右边 3 组内部电气连通,但左边 3 组、中间 4 组以及右边 3 组之间是不连通的。对于 11 组的结构,左边 4 组内部电气连通,中间

3 组内部电气连通，右边 4 组内部电气连通，但左边 4 组、中间3 组以及右边 4 组之间是不连通的，这种结构称为 4－3－4 结构。

中间部分宽条是由一条隔离凹槽和上下各 5 行的插孔构成的。在同一列中的 5 个插孔是互相连通的，列和列之间以及凹槽上下部分则是不连通的。宽条面包板外观及内部结构如图 5.3.7 所示。

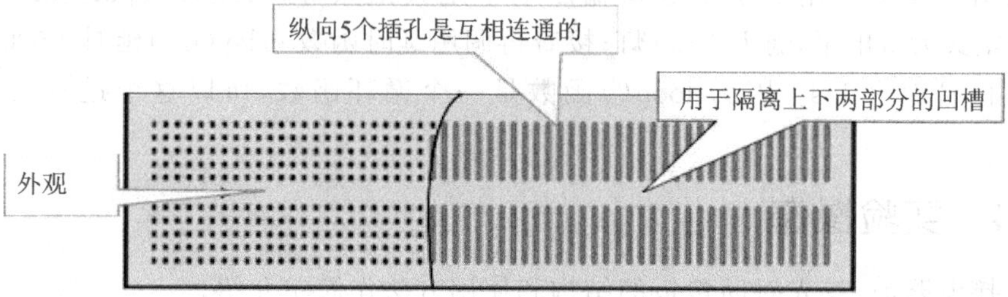

图 5.3.7　宽条面包板外观及内部结构图

了解了面包板的结构，下面开始实际操作：

(1) 将元器件按照图 5.3.2 进行连接。发光二极管的两根引线中较长的一根为正极，应连接电源正极。有的发光二极管的两根引线一样长，但管壳上有一凸起的小舌，靠近小舌的引线是正极。LED 内部结构如图 5.3.8 所示。

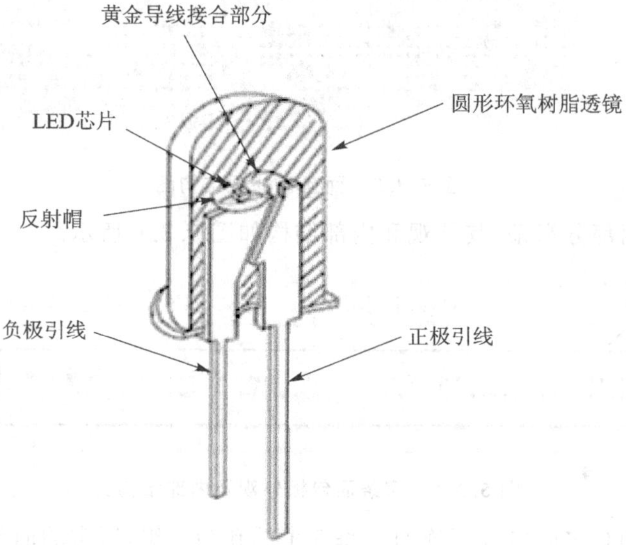

图 5.3.8　LED 内部结构

(2) 将正极与 200 Ω 电阻连接，负极与 Landzoduino 开发板 GND 引脚连接，220 Ω电阻另一端与 Landzouino 数字口 8 引脚连接。

(3) 电路连接好后,插上编程线,把程序下载到Landzoduino控制板上。

(4) 观察LED灯运行的情况。

5.3.5 实验结果

LED灯以1 s的时间间隔不断闪烁。此处亮度比5.2节实验要暗,因为本实验加了220 Ω限流电阻,使LED工作在正常状态。通过本实验不仅熟悉了LED灯的使用,而且学会了面包板的使用,这对接下来的学习大有益处。

5.4 呼吸灯实验

呼吸灯实验是通过Landzoduino开发板发出PWM信号,以此控制LED灯的亮度逐渐变化。

5.4.1 实验原理

Pulse Width Modulation就是通常所说的PWM,译为脉冲宽度调制,简称脉宽调制。PWM是一种对模拟信号电平进行数字编码的方法,由于计算机不能输出模拟电压,只能输出0 V或5 V的数字电压值,所以就想出通过高分辨率计数器,利用方波的占空比被调制的方法,来对一个具体模拟信号的电平进行编码。PWM信号仍然是数字的,因为在给定的任何时刻,满幅值的直流供电要么是5 V(ON),要么是0 V(OFF)。电压或电流源是以一种通(ON)或断(OFF)的重复脉冲序列被加到模拟负载上去的,通的时候即是直流供电被加到负载上的时候,断的时候即是供电被断开的时候。只要带宽足够,任何模拟值都可以使用PWM进行编码。输出的电压值是通过通和断的时间进行计算的。公式如下:

输出电压=(接通时间/脉冲时间)×最大电压值

Arduino端口的输入电压只有两个(0 V与5 V),如果想要3 V的输出电压,怎么办?也许你会说串联电阻。OK,这个方法是正确的。但是如果想1 V、3 V、3.5 V等之间来回变动,又怎么办呢?这种情况下,就需要使用PWM了。它是怎么控制的呢?对于Arduino的数字端口电压,输出只有LOW与HIGH两个开关量,对应的是0 V与5 V的电压输出,原本把LOW定义为低电平,数字信号为0,HIGH定义为高电平,数字信号为1。1 s内让Arduino输出500个0或者1的信号。如果这500个全部为1,那就是完整的5 V;如果全部为0,那就是0 V。如果010101010101这样输出,刚好一半一半,那么输出端口实际的输出电压就是2.5 V。这个类似于放电影,我们所看的电影并不是完全连续的,它其实是每秒输出25张图片,在这种情况下人的肉眼是分辨不出来的,看上去就是连续的了。PWM也是同样的道理,如果想要不同的电压,则控制0与1的输出比例就可以。当然,这和真实的连续输出还是有差别的,单位时间内输出的0、1信号越多,控制得就越精确。

在图 5.4.1 中，T 表示一个周期，其值也是 PWM 频率的倒数。换句话说，如果 Arduino PWM 的频率是 500 Hz，那么 $T=2$ ms。

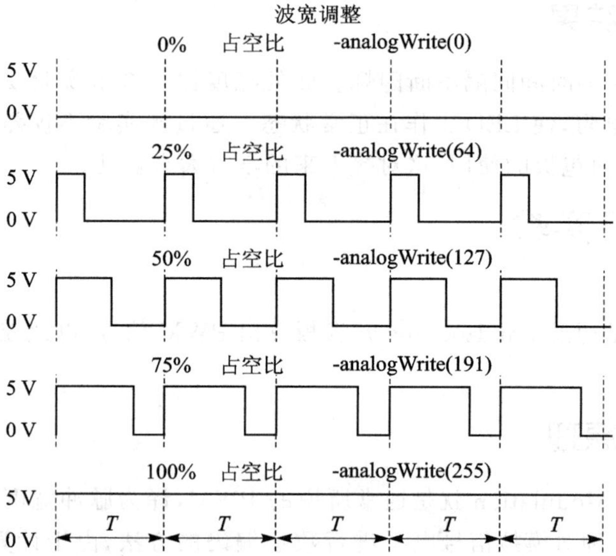

图 5.4.1　各种占空比所对应的波形

因此，只要连续改变周期内的高电平时间，即可改变 LED 灯的亮度。

5.4.2　硬件电路

呼吸灯实验器件参考表 5.4.1。

表 5.4.1　呼吸灯实验器件列表

实验器件	数　量
Landzoduino	1 块
编程线	1 根
杜邦线	若干
面包板	1 块
LED	1 个
220 Ω 电阻	1 个

呼吸灯实验接线图参考图 5.4.2。

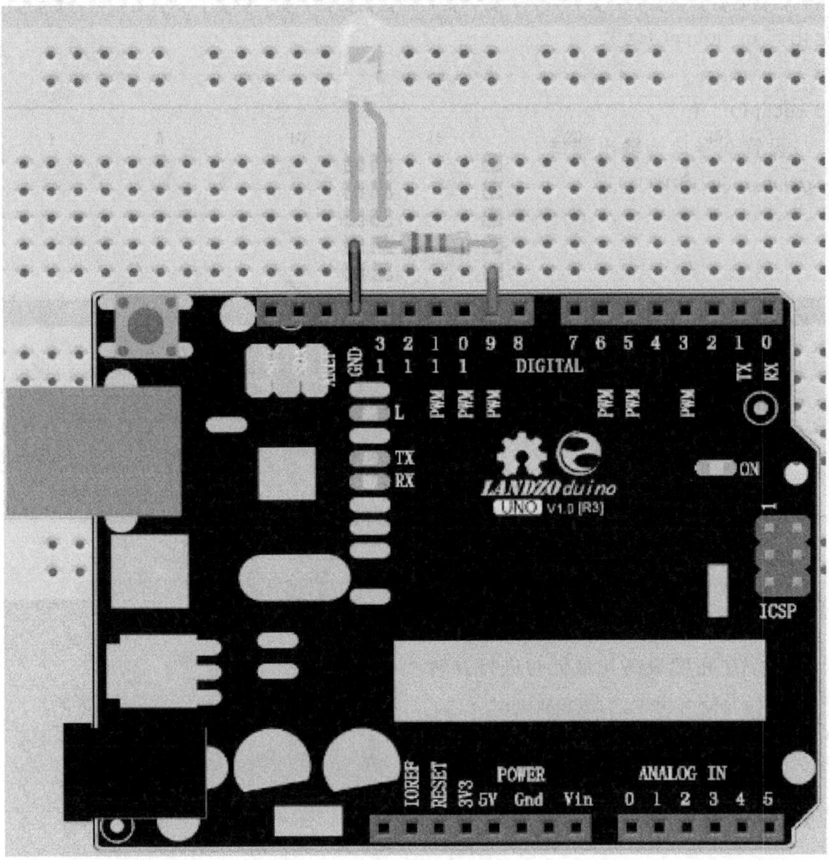

图 5.4.2 呼吸灯实验接线图

5.4.3 程序设计

程序代码如下：

```
/*******************************************************
呼吸灯实验程序
灯由暗逐渐变亮,之后由亮逐渐变暗
http://www.landzo.com/
This example code is in the public domain.
*******************************************************/
//定义整数型变量 brightness 与其初始值,此变量用来表示 LED 的亮度
int brightness = 0;
//定义整数型变量 fadeAmount,此变量用于亮度变化的增减量
int fadeAmount = 5;
```

```
/**************************************************
初始化部分_setup()函数
**************************************************/
void setup()  {
    //设置 9 号口为输出端口
    pinMode(9,OUTPUT);
}

/**************************************************
执行部分_loop()函数
**************************************************/
void loop()  {
    //把 brightness 的值写入 9 号端口
    analogWrite(9,brightness);
    //改变 brightness 值,使亮度在下一次循环时发生改变
    brightness = brightness + fadeAmount;

    if (brightness == 0 || brightness == 255) {
        //在亮度最高与最低时进行翻转
        fadeAmount = - fadeAmount ;
    }
    //延时 30 ms
    delay(30);
}
```

analogWrite() 函数中可以操控的范围为 0～255。analogWrite(255)表示 100%占空比(常开),analogWrite(127)表示占空比大约为 50%(一半的时间)。

在 Arduino 语法中,我们使用函数 analogWrite()。

analogWrite():作用是给端口写入一个模拟值(PWM 波),可以用来控制 LED 灯的亮度变化,或者以不同的速度驱动马达。当执行 analogWrite()命令后,端口会输出一个稳定的占空比的方波。除非有下一个命令来改变它,PWM 信号的频率大约为 490 Hz。

在使用 ATmega168、ATmega328 与 UNO 的 Arduino 控制板上,analogWrite()命令工作在 3、5、6、9、10、11 号端口。Arduino Mega、Arduino 2560 等控制板,可以工作于 2～13 号端口。在更早的基于 ATmega 8 的 Arduino 控制板上,analogWrite()命令只能工作于 9、10、11 号端口。在使用 analogWrite()命令前,可以不使用 pinMode()命令把端口定义为输出端口,当然如果定义了更好,这样有利于程序语言的规范。

语法:

```
analogWrite(pin,value)
```

参数

Pin：写入的端口。

value：占空比为 0～255。

当 PWM 输出于 5、6 号端口的时候，会产生比预期更高的占空比。原因是 PWM 输出所使用的内部时钟，millis()与 delay()两函数也在使用。所以要注意使用 5、6 号端口时，占空比要设置得稍微低一些，否则会产生 5、6 号端口无法输出完全关闭信号的情况。

PWM 是利用微处理器的数字输出来对模拟电路进行控制的一种非常有效的技术，广泛应用在从测量、通信到功率控制与变换的许多领域中。

PWM 的三个基本参数：

(1) 脉冲宽度变化幅度(最小值/最大值)；

(2) 脉冲周期(1 s 内脉冲频率个数的倒数)；

(3) 电压大小(例如：0～5 V)。

Arduino 控制器上有 6 个 PWM 接口，分别是数字接口 3、5、6、9、10、11 。

5.4.4　实验操作

(1) 将 LED 灯按图 5.4.2 插到面包板上。注意：LED 灯是有正负极的。长引脚是正极，短引脚是负极。将正极与 220 Ω 电阻连接，负极与 Landzoduino 开发板 GND 引脚连接，220 Ω 电阻的另一端与 Landzouino 数字口 9 引脚连接。

(2) 插上编程线，把程序下载到 Landzoduino 控制板上。

(3) 观察 LED 灯运行的情况。

5.4.5　实验结果

LED 灯慢慢变亮再慢慢变暗，如此循环。通过改变 PWM 信号在每个周期内高电平的持续时间，可以实现 LED 灯亮度的逐渐变化。

5.5　广告灯实验

在生活中我们经常会看到一些由各种颜色的 LED 组成的广告灯，广告灯上各个位置的 LED 灯不断地亮灭变化，就形成了各种不同的效果。本实验就是利用 LED 灯编程来模拟广告灯的效果。

5.5.1　实验原理

在程序中我们设置 LED 灯亮灭的次序和时间，这样就可以组成不同的效果。

5.5.2 硬件电路

广告灯实验器件参考表 5.5.1。

广告灯实验接线图参考图 5.5.1。

表 5.5.1 广告灯实验器件列表

实验器件	数　量
Landzoduino	1 块
编程线	1 根
杜邦线	若干
面包板	1 块
LED	6 个
220 Ω 电阻	6 个

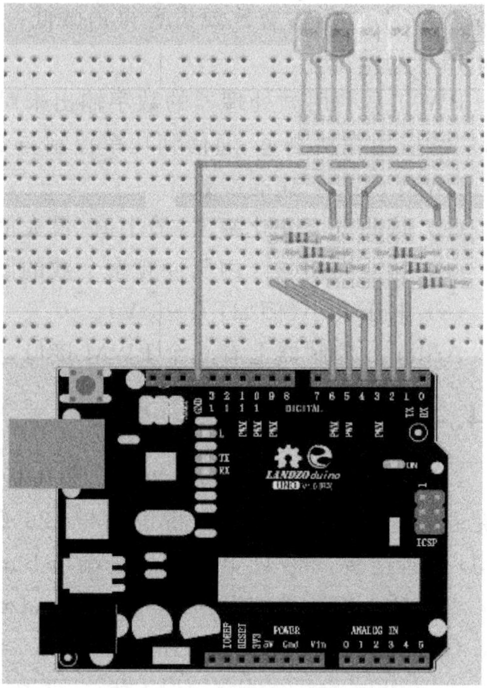

图 5.5.1 广告灯实验接线图

5.5.3 程序设计

本实验程序代码在“广告灯实验”文件夹的 led2 文件夹中，即 led2. pde 文件。打开该文件后可以看到 Arduino 编程软件窗口，上面有本实验的程序代码。

程序代码如下：

```
/*****************************************************
广告灯实验程序
从右到左依次点亮，从左到右依次熄灭，之后所有灯快闪两次；
从中间到两端依次点亮，两端到中间依次熄灭，所有快闪两次；
从两端到中间依次点亮，中间到两端依次熄灭，所有快闪两次。
http://www.landzo.com/
This example code is in the public domain.
*****************************************************/
```

```
//设置控制 LED 灯的数字 I/O 引脚 1～6
int Led1 = 1;
int Led2 = 2;
int Led3 = 3;
int Led4 = 4;
int Led5 = 5;
int Led6 = 6;

//LED 灯花样显示样式一子程序
//LED 灯从右到左依次点亮,再从左到右依次熄灭
void style_1(void)
{
    unsigned char j;
    //每隔 200 ms 依次点亮 1～6 引脚相连的 LED 灯
    for(j = 1;j< = 6;j ++ )
    {
        //点亮 j 引脚相连的 LED 灯
        digitalWrite(j,HIGH);
        //延时 200ms
        delay(200);
    }
    //每隔 200 ms 依次熄灭 6～1 引脚相连的 LED 灯
    for(j = 6;j> = 1;j -- )
    {
        //熄灭 j 引脚相连的 LED 灯
        digitalWrite(j,LOW);
        //延时 200 ms
        delay(200);
    }
}

//灯闪烁子程序
//6 个 LED 快闪两次
void flash(void)
{
    unsigned char j,k;
    //闪烁两次
    for(k = 0;k< = 1;k ++ )
    {
        //点亮 1～6 引脚相连的 LED 灯
        for(j = 1;j< = 6;j ++ )
        //点亮与 j 引脚相连的 LED 灯
```

```
        digitalWrite(j,HIGH);
        //延时 200 ms
        delay(200);
        //熄灭 1～6 引脚相连的 LED 灯
        for(j = 1;j< = 6;j ++ )
        //熄灭与 j 引脚相连的 LED 灯
        digitalWrite(j,LOW);
        //延时 200 ms
        delay(200);
    }
}

//LED 灯花样显示样式二子程序
//LED 从中间到两端依次点亮,再从两端到中间依次熄灭
void style_2(void)
{
    unsigned char j,k;
    //设置 k 的初值为 1
    k = 1;
    for(j = 3;j> = 1;j -- )
    {
        //点亮灯
        digitalWrite(j,HIGH);
        //点亮灯
        digitalWrite(j + k,HIGH);
        //延时 400 ms
        delay(400);
        //k 值加 2
        k += 2;
    }
    //设置 k 值为 5
    k = 5;
    for(j = 1;j< = 3;j ++ )
    {
        //熄灭灯
        digitalWrite(j,LOW);
        //熄灭灯
        digitalWrite(j + k,LOW);
        //延时 400 ms
        delay(400);
        //k 值减 2
        k -= 2;
```

```
    }
}

//LED 灯花样显示样式三子程序
//LED 灯从两端到中间依次点亮,再从中间到两端依次熄灭
void style_3(void)
{
    //LED 灯花样显示样式三子程序
    unsigned char j,k;
    //设置 k 值为 5
    k = 5;
    for(j = 1;j< = 3;j ++ )
    {
        //点亮灯
        digitalWrite(j,HIGH);
        //点亮灯
        digitalWrite(j + k,HIGH);
        //延时 400 ms
        delay(400);
        //熄灭灯
        digitalWrite(j,LOW);
        //熄灭灯
        digitalWrite(j + k,LOW);
        //k 值减 2
        k -= 2;
    }
    //设置 k 值为 3
    k = 3;
    for(j = 2;j> = 1;j -- )
    {
        //点亮灯
        digitalWrite(j,HIGH);
        //点亮灯
        digitalWrite(j + k,HIGH);
        //延时 400 ms
        delay(400);
        //熄灭灯
        digitalWrite(j,LOW);
        //熄灭灯
        digitalWrite(j + k,LOW);
        //k 值加 2
        k += 2;
```

```
    }
}

/**********************************************************
            初始化部分_setup()函数
**********************************************************/
void setup()
{
    unsigned char i;
    //依次设置 1～6 个数字引脚为输出模式
    for(i = 1;i< = 6;i ++ )
    //设置第 i 个引脚为输出模式
    pinMode(i,OUTPUT);
}

/**********************************************************
            执行部分_loop()函数
**********************************************************/
void loop()
{
    style_1();//样式 1
    flash();//闪烁
    style_2();//样式 2
    flash();//闪烁
    style_3();//样式 3
    flash();//闪烁
}
```

程序代码中用到的：

```
for(i = 1;i< = 6;i ++ )            //依次设置 1～6 个数字引脚为输出模式
pinMode(i,OUTPUT);                 //设置第 i 个引脚为输出模式
```

这是一个 for 循环。它的一般形式为：

```
for(<初始化>;<条件表达式>;<增量>) 语句;
```

初始化总是一个赋值语句，它用来给循环控制变量赋初值；条件表达式是一个关系表达式，它决定什么时候退出循环；增量定义循环控制变量每循环一次后按什么方式变化。这三个部分之间用"；"分开。例如："for(i=1;i<=10;i++)"语句，上例中先给 i 赋初值 1，再判断 i 是否小于或等于 10，若是则执行语句，之后值增加 1。再重新判断，直到条件为假，即 i>10 时结束循环。

样式一子程序：LED 首先从左边的绿灯开始间隔 200 ms 依次点亮 6 个 LED

灯，接着从右边的绿灯开始间隔 200 ms 依次熄灭 6 个 LED 灯。

灯闪烁子程序：6 个 LED 灯首先全部点亮，接着延时 200 ms，最后 6 个 LED 灯全部熄灭，这个过程循环两次就实现了闪烁的效果。

样式二子程序：设置 k 和 j 的值让中间的两个黄灯先亮，接着让挨着两个黄灯两边的红灯亮，最后让两边的绿灯亮；执行一遍后改发 k 和 j 的值，让两边的绿灯先熄灭，接着两边的红灯熄灭，最后中间的两个黄灯熄灭。

样式三子程序：设置 k 和 j 的值，让两边的绿灯亮 400 ms 后再熄灭，接着让两边的红灯亮 400 ms 后再熄灭，最后让中间的两个黄灯亮 400 ms 后再熄灭；执行一遍后改发 k 和 j 的值，让两个红灯亮 400 ms 后熄灭，接着让两边的绿灯亮 400 ms 后熄灭。

5.5.4 实验操作

(1) 按照图 5.5.1 将电路连接到 Landzoduino 开发板上。注意 LED 灯的正负极性。LED 灯所有的负极相连，所有的正极与电阻相连，左一绿灯电阻的另一端与数字口 6 相连，左二红灯电阻的另一端与数字口 5 相连，左三黄灯电阻的另一端与数字口 4 相连，左四黄灯电阻的另一端与数字口 3 相连，左五红灯电阻的另一端与数字口 2 相连，左六绿灯电阻的另一端与数字口 1 相连。

(2) 插上编程线，把程序下载到 Landzoduino 控制板上。

(3) 观察 LED 灯的运行情况。

5.5.5 实验结果

将程序下载到实验板后可以观察到，6 个 LED 灯不断地循环执行样式一子程序→闪烁子程序→样式二子程序→闪烁子程序→样式三子程序→闪烁子程序。

5.6 交通灯实验

在交通灯模拟实验中，红、黄、绿三色小灯闪烁时间要模拟真实的交通灯，实现一个红灯、黄灯、绿灯交替闪烁。

5.6.1 实验原理

根据发光二极管的原则——正向导通反向截止，本实验依次让红灯导通、黄灯导通、绿灯导通。

5.6.2 硬件电路

交通灯实验器件参考表 5.6.1。

表 5.6.1　交通灯实验器件列表

实验器件	数　量
Landzoduino	1 块
编程线	1 根
杜邦线	若干
面包板	1 块
LED	3 个
220 Ω 电阻	3 个

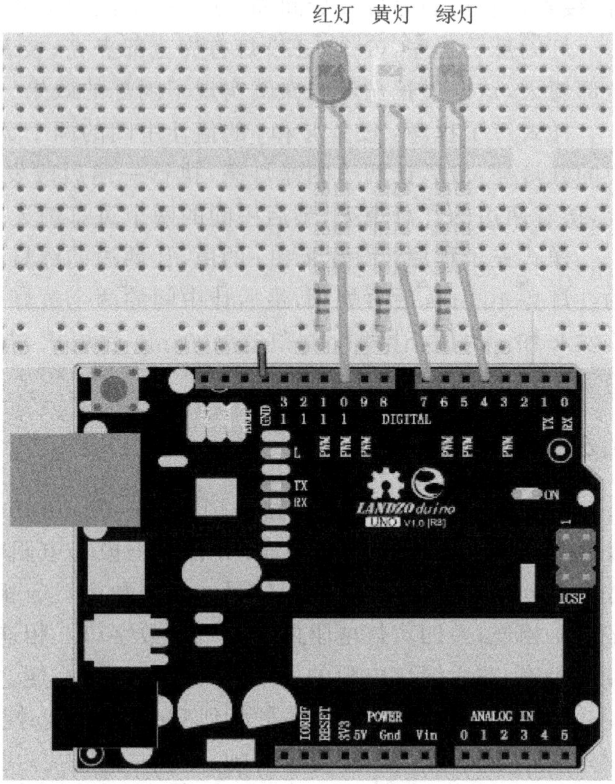

图 5.6.1　交通灯实验接线图

5.6.3　程序设计

程序代码在"交通灯设计实验"文件夹中，即 trafficLed.pde 文件。打开该文件后可以看到 Arduino 编程软件窗口，上面有本实验的程序代码。

程序代码如下：

```
/********************************************************
交通灯实验程序
红灯亮 2 s,黄灯亮 0.4 s,绿灯亮 2 s
http://www.landzo.com/
This example code is in the public domain.
********************************************************/
//定义数字接口 10 红灯
int ledred = 10;
//定义数字接口 7 黄灯
int ledyellow = 7;
//定义数字接口 4 绿灯
```

```
int ledgreen = 4;

/**********************************************************
          初始化部分_setup()函数
**********************************************************/
void setup()
{
    //设置红灯接口为输出接口
    pinMode(ledred,OUTPUT);
    //设置黄灯接口为输出接口
    pinMode(ledyellow,OUTPUT);
    //设置绿灯接口为输出接口
    pinMode(ledgreen,OUTPUT);
}

/**********************************************************
          执行部分_loop()函数
**********************************************************/
void loop()
{
    digitalWrite(ledred,HIGH);          //点亮红灯
    delay(2000);                        //延时 2 000 ms = 2 s
    digitalWrite(ledred,LOW);           //熄灭红灯
    digitalWrite(ledyellow,HIGH);       //点亮黄灯
    delay(400);                         //延时 400 ms
    digitalWrite(ledyellow,LOW);        //熄灭黄灯
    digitalWrite(ledgreen,HIGH);        //点亮绿灯
    delay(2000);                        //延时 2 000 ms
    digitalWrite(ledgreen,LOW);         //熄灭绿灯
}
```

5.6.4　实验操作

(1) 按照图 5.6.1 将电路连接到 Landzoduino 开发板上。注意 LED 灯的正负极性。红灯正极连接数字口 10；绿灯正极连接数字口 7；黄灯正极连接数字口 4；LED 灯的负极都与电阻一端相连，电阻另一端都接在 GND 上。

(2) 插上编程线，把程序下载到 Landzoduino 控制板上。

(3) 观察 LED 灯的运行情况。

5.6.5　实验结果

将程序下载到实验板后，就可以看到自己设计的交通灯了，如图 5.6.2 所示。

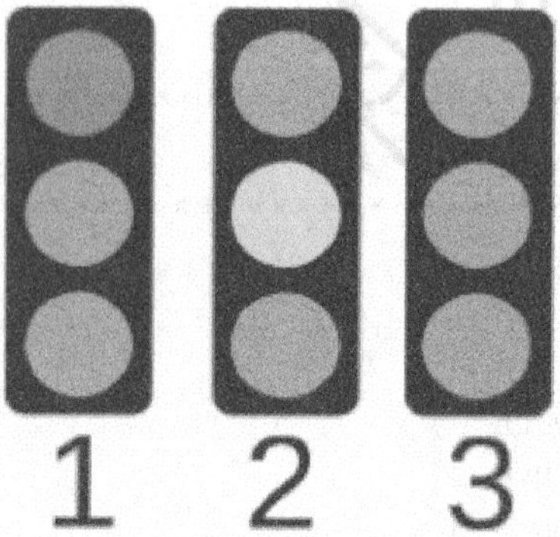

图 5.6.2　交通灯闪烁示意图

5.7　蜂鸣器实验

蜂鸣器是一种一体化结构的电子讯响器，采用直流电压供电，广泛应用于计算机、打印机、复印机、报警器、电子玩具、汽车电子设备、电话机、定时器等电子产品中作发声器件，蜂鸣器实物图如图 5.7.1 所示。

图 5.7.1　蜂鸣器实物图

按其驱动方式的不同，可分为有源蜂鸣器(内含驱动线路)和无源蜂鸣器(外部驱动)。

如何区分有源蜂鸣器和无源蜂鸣器？现在市场上出售的一种小型蜂鸣器因其体积小(直径只有 11 mm)、重量轻、价格低、结构牢靠，被广泛应用在各种需要发声的电器设备、电子制作和单片机等电路中。有源蜂鸣器和无源蜂鸣器的外观如图 5.7.2所示。

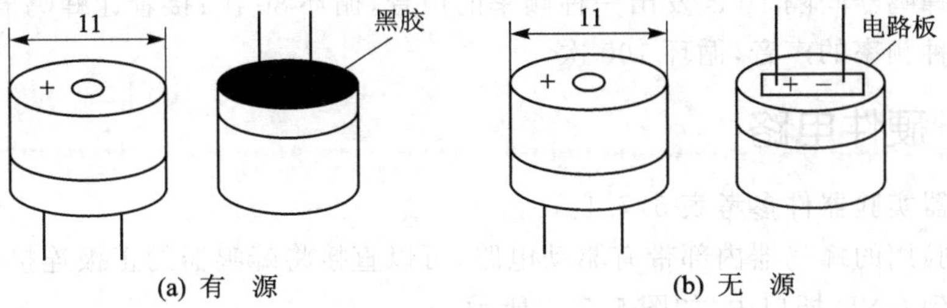

图 5.7.2 有源蜂鸣器和无源蜂鸣器

从图(a)、(b)外观上看，两种蜂鸣器好像一样，但两者的高度略有区别，有源蜂鸣器的高度为 9 mm，而无源蜂鸣器的高度为 8 mm。如果将两种蜂鸣器的引脚都朝上放置时，可以看出有绿色电路板的一种是无源蜂鸣器，没有电路板而用黑胶封闭的一种是有源蜂鸣器。进一步判断有源蜂鸣器和无源蜂鸣器，还可以用万用表电阻挡 R×1挡测试：用黑表笔接蜂鸣器正极“＋”引脚，红表笔在另一引脚上来回碰触，如果能发出咔、咔声且电阻只有 8 Ω(或 16 Ω)的，则是无源蜂鸣器；如果能发出持续声音且电阻在几百欧姆以上的，则是有源蜂鸣器。有源蜂鸣器直接接上额定电源(新的蜂鸣器在标签上都有注明)就可连续发声；而无源蜂鸣器则和电磁扬声器一样，需要接在音频输出电路中才能发声。

按构造方式的不同，蜂鸣器可分为电磁式蜂鸣器和压电式蜂鸣器。

压电式蜂鸣器：压电式蜂鸣器主要由多谐振荡器、压电蜂鸣片、阻抗匹配器及共鸣箱、外壳等组成。有的压电式蜂鸣器外壳上还装有发光二极管。多谐振荡器由晶体管或集成电路构成。当接通电源后(1.5～15 V 直流工作电压)，多谐振荡器起振，输出 1.5～2.5 kHz 的音频信号，阻抗匹配器推动压电蜂鸣片发声。压电蜂鸣片由锆钛酸铅或铌镁酸铅压电陶瓷材料制成。在陶瓷片的两面镀上银电极，经极化和老化处理后，再将黄铜片或不锈钢片粘在一起。

电磁式蜂鸣器：电磁式蜂鸣器由振荡器、电磁线圈、磁铁、振动膜片及外壳等组成。接通电源后，振荡器产生的音频信号电流通过电磁线圈，使电磁线圈产生磁场。振动膜片在电磁线圈和磁铁的相互作用下，周期性地振动发声。

5.7.1 实验原理

蜂鸣器发声原理：电流通过电磁线圈使电磁线圈产生磁场，以此来驱动振动膜发声，因此需要一定的电流才能驱动它。本实验用的蜂鸣器内部带有驱动电路，所以可以直接使用。当蜂鸣器连接的引脚为高电平时，内部驱动电路导通，蜂鸣器发出声音；当蜂鸣器连接的引脚为低电平时，内部驱动电路截止，蜂鸣器不发出声音。

蜂鸣器发出声音的时间间隔不同，频率就不同，所发出的声音就不同。根据这个原理，通过改变蜂鸣器发出声音的时间间隔发出不同种声音，来模拟各种声音。本程序首先让蜂鸣器间隔 1 ms 发出一种频率的声音，循环 80 次；接着让蜂鸣器间隔2 ms 发出另一种频率的声音，循环 100 次。

5.7.2 硬件电路

蜂鸣器实验器件参考表 5.7.1。

本实验用的蜂鸣器内部带有驱动电路，可以直接将蜂鸣器的正极连接到数字口，负极连接到 GND 插口中，如图 5.7.3 所示。

蜂鸣器实验接线图参考图 5.7.3。

表 5.7.1 蜂鸣器实验器件列表

实验器件	数 量
Landzoduino	1 块
编程线	1 根
杜邦线	若干
蜂鸣器	1 个

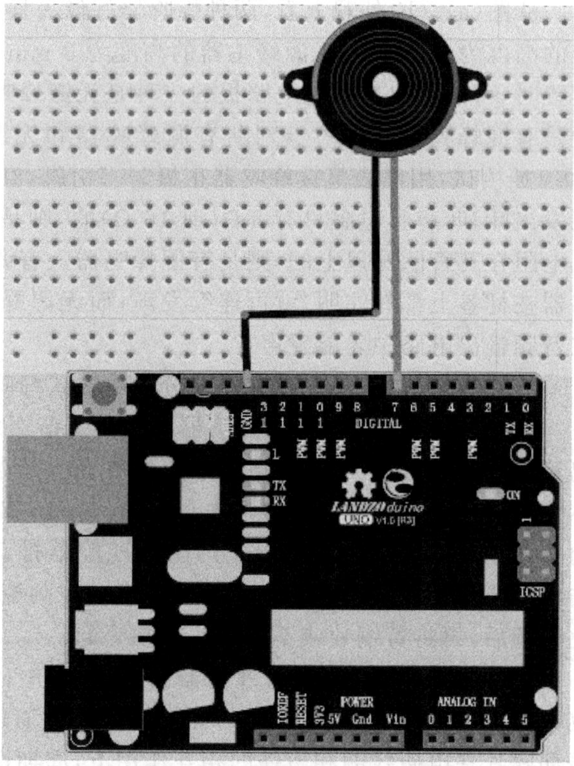

图 5.7.3 蜂鸣器实验接线图

5.7.3 程序设计

程序代码如下：

```
/*************************************************************
蜂鸣器实验程序
```

```
蜂鸣器发出报警声响
http://www.landzo.com/
This example code is in the public domain.
*********************************************************/
//设置控制蜂鸣器的数字 I/O 引脚
int buzzer = 7;
/*********************************************************
        初始化部分_setup()函数
*********************************************************/
void setup()
{
    //设置数字 I/O 引脚模式,OUTPUT 为输出
    pinMode(buzzer,OUTPUT);
}
/*********************************************************
        执行部分_loop()函数
*********************************************************/
void loop()
{
    //定义两个变量
    unsigned char i,j;
    while(1)
    {
        //输出一个频率的声音
        for(i = 0;i<80;i++)
        {
            digitalWrite(buzzer,HIGH);          //发声音
            delay(1);                           //延时 1 ms
            digitalWrite(buzzer,LOW);           //不发声音
            delay(1);                           //延时 1 ms
        }
        //输出另一个频率的声音
        for(i = 0;i<100;i++)
        {
            digitalWrite(buzzer,HIGH);          //发声音
            delay(2);                           //延时 2 ms
            digitalWrite(buzzer,LOW);           //不发声音
            delay(2);                           //延时 2 ms
        }
    }
}
```

在loop()函数中用的while是一个循环语句，一般形式如下：

```
while(表达式)
语句
```

图5.7.4是程序运行的逻辑图。

“表达式”是循环条件，“语句”是循环体。语义是：计算表达式的值，当值为真（非0）时，执行循环体语句。其执行过程可用图5.7.4表示。其作用是：实现“当型”循环。当“表达式”非0（真）时，执行“语句”。“语句”是被循环执行的程序，称为“循环体”。

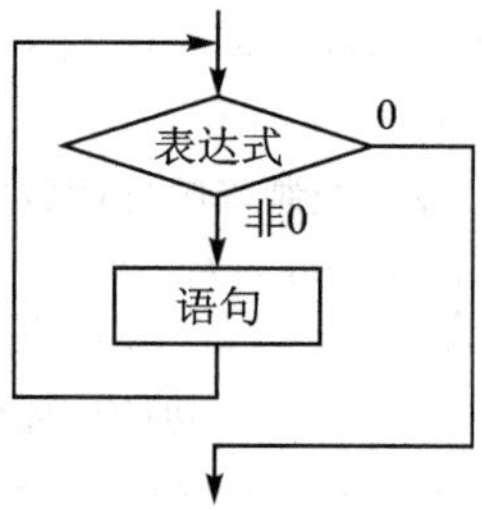

图5.7.4　程序运行逻辑图

5.7.4　实验操作

（1）按照图5.7.3将电路连接到Landzoduino开发板上；按照Arduino教程将控制板、面包板连接好，下载线插好；按照蜂鸣器的接法将蜂鸣器连接到数字7口上，则连线完毕。

（2）插上编程线，把程序下载到Landzoduino控制板上。

（3）观察运行的情况。

5.7.5　实验结果

将程序下载到实验板后可以听到蜂鸣器发出救护车的警笛声。

掌握本程序后，大家可以在程序中自己改变时间间隔，调试出各种频率的声音。

5.8　模拟值读取实验

电位器（或者叫滑动电阻）是大家比较熟悉的典型的模拟值输出元件，本实验就用它来完成。

5.8.1　实验原理

本实验将使用模拟I/O口。Arduino有模拟0～模拟5共6个模拟接口，这6个接口也可以作为接口功能复用，除模拟接口功能以外，这6个接口可作为数字接口使用，编号为数字14～数字19。

5.8.2　硬件电路

模拟值读取实验器件参考表5.8.1。

表 5.8.1 模拟值读取实验器件列表

实验器件	数 量
Landzoduino 开发板	1块
编程线	1根
杜邦线	若干
面包板	1块
电位计	1个

模拟值读取实验接线图参考图 5.8.1。

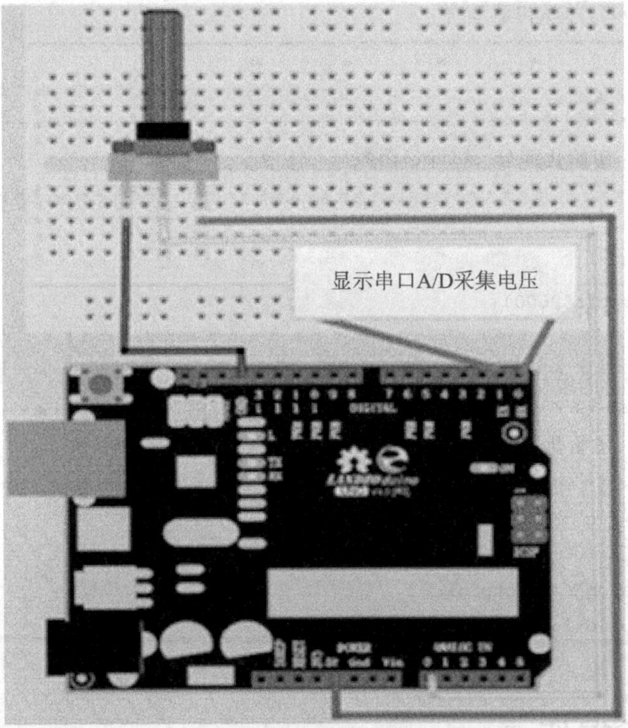

图 5.8.1 模拟值读取实验接线图

5.8.3 程序设计

"analogRead();"语句可以读出模拟口的值，Arduino UNO 控制器是 10 位的 A/D 采集，所以读取的模拟值范围是 0～1 023 。首先，在 void setup()中设置波特率，因为显示数值属于 Arduino 与 PC 机通信，所以 Arduino 的波特率应与 PC 机软件设置得相同才能显示正确的数值，否则将会显示乱码或者不显示。在 Arduino 软件的串口工具监视窗口右下角，有一个可以设置波特率的按钮，选中与程序中设置的波特率语句相同的波特率，“Serial. begin()；”语句括号中为波特率的值。

程序代码如下：

```
/*****************************************************
模拟值读取实验程序
旋转电位计串口监视器中模拟值连续变化
http://www.landzo.com/
This example code is in the public domain.
*****************************************************/
//定义模拟接口 0
int potpin = 0 ;
//定义变量 val,并赋初值 0
int val = 0 ;

/*****************************************************
         初始化部分_setup()函数
*****************************************************/
void setup()
{
   Serial.begin(9600);
}

/*****************************************************
         初始化部分_setup()函数
*****************************************************/
void loop()
{
   val = analogRead(potpin);
   Serial.println(val) ;
}
```

5.8.4 实验操作

(1) 按照图 5.8.1 将电路连接到 Landzoduino 开发板上。电位器不区分正负极性，中间引脚接在模拟口即可。

(2) 插上编程线，把程序下载到 Landzoduino 控制板上。

(3) 观察运行的情况。

5.8.5 实验结果

每读取一次值，Arduino 自带的 LED 小灯就会闪烁一下，图 5.8.2 为读出的值

(注意只做参考)。本实验中,当旋转电位计旋钮时,可以看到屏幕上的数值变化。这种模拟值读取是很常用的功能,因为在很多的传感器中都是模拟值输出。先读出模拟值后再进行相应的算法处理,就可以应用到我们需要实现的功能里了。

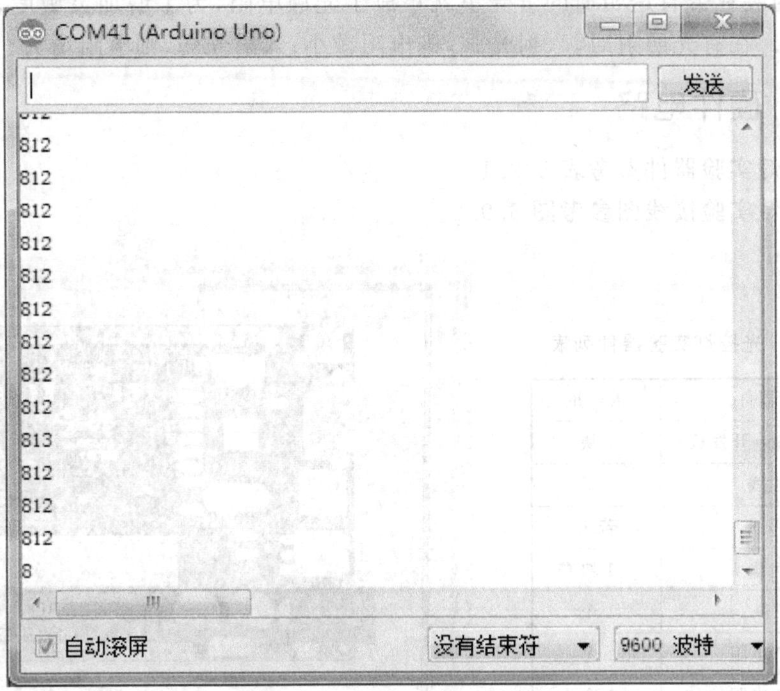

图 5.8.2 串口数据接收对话框

5.9 光控灯实验

光敏电阻又称光导管,常用的制作材料为硫化镉,另外还有硒、硫化铝、硫化铅和硫化铋等材料。这些制作材料具有在特定波长的光照下,其阻值迅速减小的特性。这是由于光照产生的载流子都参与导电,在外加电场的作用下做漂移运动,从而使光敏电阻的阻值迅速下降。

光敏电阻实物如图 5.9.1 所示。

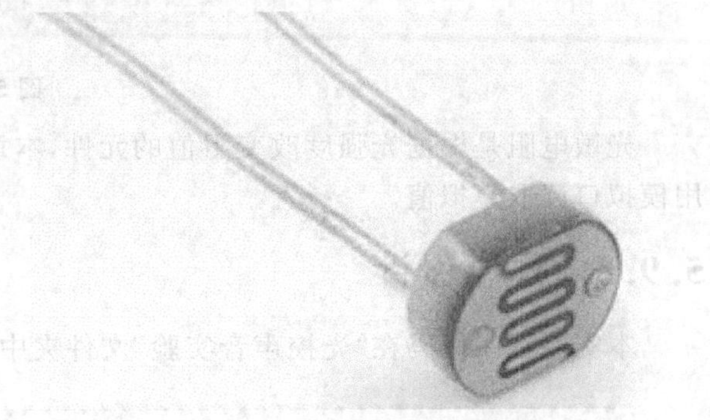

图 5.9.1 光敏电阻实物图

5.9.1 实验原理

光敏电阻的工作原理是基于内光电效应。在半导体光敏材料两端装上电极引线，将其封装在带有透明窗的管壳里就集成了光敏电阻，为了增加灵敏度，两电极常做成梳状。在有光照射时，入射光强，则电阻减小；入射光弱，则电阻增大。

5.9.2 硬件电路

光控灯实验器件参考表 5.9.1。

光控灯实验接线图参考图 5.9.2。

表 5.9.1 光控灯实验器件列表

实验器件	数　量
Landzoduino 开发板	1 块
编程线	1 根
杜邦线	若干
面包板	1 块
LED	1 个
220 Ω 电阻	1 个
10 kΩ 电阻	1 个
光敏电阻	1 个

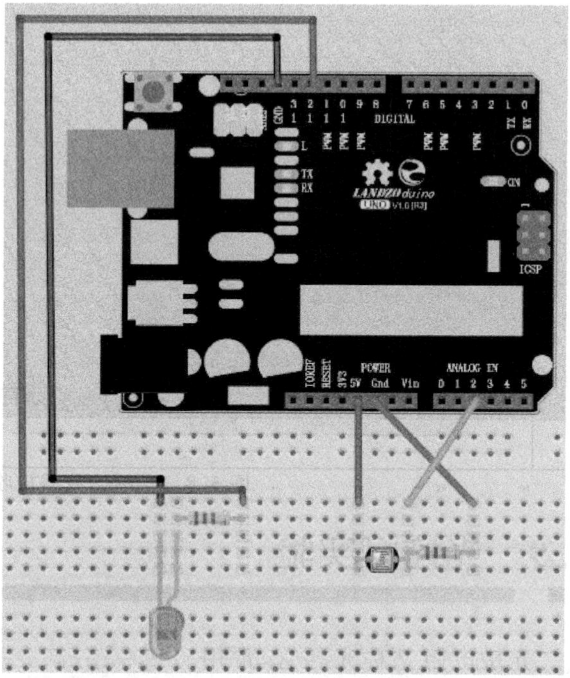

图 5.9.2 光控灯实验接线图

光敏电阻是根据光强度改变阻值的元件，本章实验可以借着前面学过的知识，使用模拟口读取模拟值。

5.9.3 程序设计

本实验程序代码在“光控声音实验”文件夹中。程序代码如下：

```
/**************************************************************
光控灯实验程序
光线暗时，LED 灯亮起；光线强时，LED 灯熄灭。
http://www.landzo.com/
```

```
This example code is in the public domain.
 ************************************************************/
//定义变量 photocellsh = 2,为电压读取端口
int photocellPin = 2;
//定义变量 ledPin = 12,为 LED 电平输出端口
int ledPin = 12;
//定义 val 变量的起始值
int val = 0;

/************************************************************
            初始化部分_setup()函数
 ************************************************************/
void setup() {
    //使 ledPin 为输出模式
    pinMode(ledPin,OUTPUT);
}

/************************************************************
            执行部分_loop()函数
 ************************************************************/
void loop() {
    //从传感器读取值
    val = analogRead(photocellPin);
    if(val< = 64){
        //64 = 0.375 V
        //想让传感器敏感一些时,把数值调高
        //想让传感器迟钝时,把数值调低
        //当 val 小于 64(0.375V)时,LED 亮
        digitalWrite(ledPin,HIGH);
    }
    else{
        //当 val 不小于 64(0.375 V)时,LED 熄灭
        digitalWrite(ledPin,LOW);
    }
}
```

5.9.4 实验操作

(1) 按照图 5.9.2 将电路连接到 Landzoduino 开发板上。LED 灯的正极接 220 Ω电阻一端,电阻另一端接数字口 12;LED 灯的负极接 GND。光敏电阻不分正负极性,一端接 5 V,另一端接 1 kΩ 电阻。1 kΩ 电阻另一端接 GND 负极。模拟口 2

要接在光敏电阻和 1 kΩ 电阻之间。

(2) 插上编程线,把程序下载到 Landzoduino 控制板上。

(3) 观察运行的情况。

5.9.5 实验结果

本实验设计的效果是,当光照正常时 LED 灯是灭的,当周围变暗时 LED 灯变亮。

因为光敏电阻受不同光照影响变化很大,所以本实验的参数是在 60 W 三基色节能灯照射下(无日光照射)得到的。同样亮度的日光下,光敏电阻的阻值会比日光灯下低不少,估计这和不同光的波段有关系。不同环境下实验,使用的参数会不同,大家可根据原理进行调整。

5.10 LM35 温度传感器实验

温度传感器就是利用物质的各种物理性质随温度变化的规律把温度转换为电量的传感器。这些呈现规律性变化的物理性质主要有体积或压力的变化(气体、液体、固体的热膨胀)、电阻阻值的变化、热辐射效应、颜色或形状的变化、晶体共振频率的变化以及微、激光特性等。而温度传感器是温度测量仪表的核心部分,品种繁多,按测量方式可分为接触式和非接触式两大类;按照传感器材料及电子元件特性可分为热电阻和热电偶两类。本实验使用的是 LM35 温度传感器,如图 5.10.1 所示。

图 5.10.1 LM35 温度传感器实物图

5.10.1 实验原理

LM35 温度传感器的输出电压与摄氏温标呈线性关系，0 ℃时输出电压为 0 V，温度每升高 1 ℃，输出电压增加 10 mV。转换公式如下：

$$V_{out\_LM35}(T) = 10\ mV/℃ \times T$$

由 LM35 温度传感器的工作原理可知，温度每升高 1 ℃，VOUT 口输出的电压就增加 10 mV。根据这一原理，程序中实时读出模拟 0 口的电压值，由于模拟口读出的电压值是用 0～1 023 表示的，即 0 V 对应 0，5 V 对应 1 023。

实验中，只需一个 LM35 模块，利用模拟接口，即可将读取的模拟值转换为实际的温度值。

5.10.2 硬件电路

LM35 温度传感器实验器件参考表 5.10.1。

LM35 温度传感器实验接线图参见图 5.10.2。

表 5.10.1 LM35 温度传感器实验器件列表

实验器件	数　量
Landzoduino	1 块
编程线	1 根
杜邦线	若干
LM35	1 个

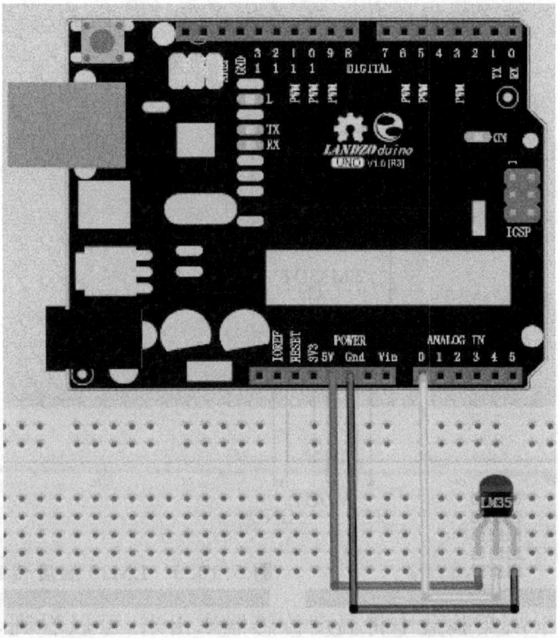

图 5.10.2 LM35 温度传感器实验接线图

5.10.3 程序设计

程序代码如下：

```
int potPin = 0 ;                          //定义模拟接口 0 连接 LM35 温度传感器
void setup()
```

```
{
    Serial.begin(9600);                          //设置波特率
}
void loop()
{
    int val;                                     //定义变量
    int dat;                                     //定义变量
    val = analogRead(potPin);                    //读取传感器的模拟值并赋值给 val
    dat = (125 * val)>>8 ;                       //温度计算公式
    Serial.print("Tep : ") ;                     //原样输出显示 Tep 字符串,代表温度
    Serial.print(dat) ;                          //输出显示 dat 的值
    Serial.println("C");                         //原样输出显示 C 字符串
    delay(500);                                  //延时 0.5 s
}
```

5.10.4 实验操作

在实验操作开始前,首先介绍一下 LM35。

LM35 的引脚如图 5.10.3 所示。

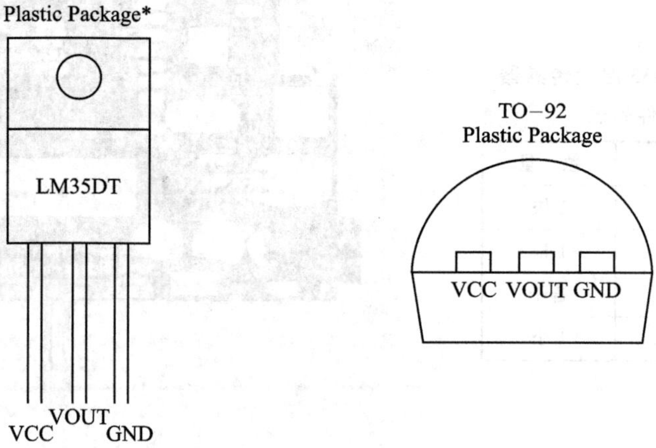

图 5.10.3 LM35 温度传感器引脚图

从实验盒中将温度传感器拿出来,可以看到,温度传感器的一面是平的,另一面是半圆的。将平面对着自己,最左边的引脚是 VCC(接＋5 V),中间的引脚为 VOUT(电压值输出,接板子上的模拟引脚),最右边的引脚为 GND(接板子上的 GND 引脚)。三个引脚分别接好就可以用了。

之后,具体的接线是这样的:

(1) 按照图 5.10.2 将电路连接到 Landzoduino 开发板上。将 LM35 中间引脚 VOUT 连接到模拟 0 口。之后,正极接到 VCC,负极接到 GND。

(2) 插上编程线,把程序下载到 Landzoduino 控制板上。

(3) 观察运行的情况。

5.10.5 实验结果

将程序下载到实验板上,打开监视器,就可以看到当前的环境温度了,如图 5.10.4所示。(实际上,温度值有一点点偏差,要根据实际的环境温度修改一下程序,使其完全与实际环境温度一致。)

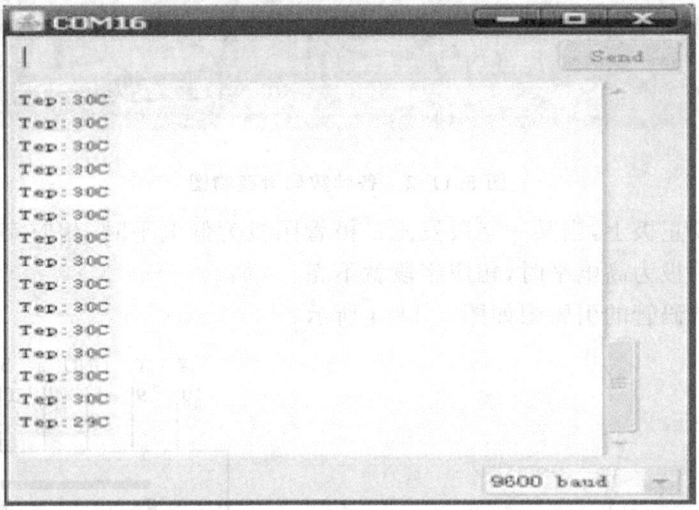

图 5.10.4 串口打印环境温度图

5.11 数码管实验

数码管是一种半导体发光器件,其基本单元是发光二极管。数码管按段数可分为七段数码管和八段数码管,八段数码管比七段数码管多一个发光二极管单元(多一个小数点显示)。数码管实物图如图 5.11.1 所示。

图 5.11.1 数码管实物图

数码管按能显示多少个"8"字可分为 1 位、2 位、4 位等数码管,如图 5.11.2 所示。

数码管按发光二极管单元连接方式,可分为共阳极数码管和共阴极数码管。共阳极数码管是指将所有发光二极管的阳极接到一起形成公共阳极(COM)数码管,如图 5.11.3所示。共阳极数码管在应用时应

图 5.11.2 各种数码管实物图

将公共端接到正极上，当某一字段发光二极管阴极为低电平时，相应字段就点亮；当某一字段的阴极为高电平时，相应字段就不亮。

共阳极数码管的引脚图如图 5.11.4 所示。

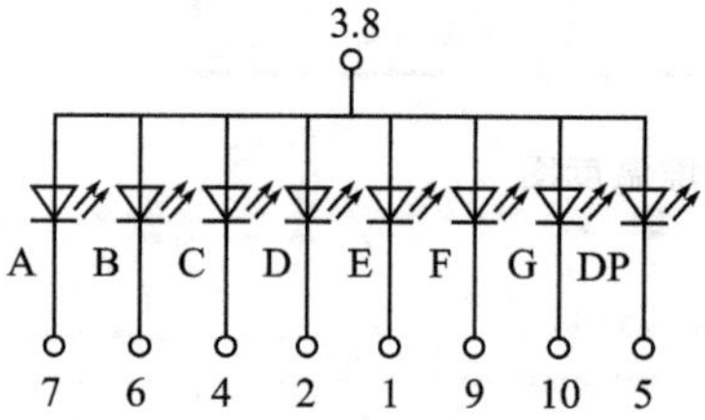

图 5.11.3 共阳极数码管内部结构图

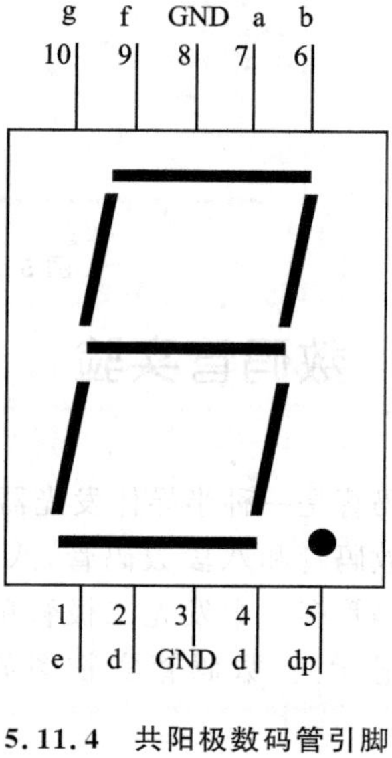

图 5.11.4 共阳极数码管引脚图

5.11.1 实验原理

数码管的每一段是由发光二极管组成的，所以在使用时跟发光二极管一样，也要连接限流电阻，否则电流过大会烧毁发光二极管。本实验采用共阳极数码管，共阳极数码管在应用时应将公共极 COM 接到＋5 V 电源上，当某一字段发光二极管的阴极为低电平时，相应字段就点亮。当某一字段的阴极为高电平时，相应字段就不亮。

数码管共有七段显示数字的段，还有一个显示小数点的段。当让数码管显示数字时，将相应的段点亮即可。例如：让数码管显示数字 1，则将 b、c 段点亮即可。

将每个数字写成一个子程序。在主程序中每隔 2 s 显示一个数字，让数码管循环显示数字 1～8。每一个数字显示的时间由延时时间来决定，时间设置得大些，显示的时间就长；时间设置得小些，显示的时间就短。

5.11.2 硬件电路

数码管实验器件参考表 5.11.1。

表 5.11.1 数码管实验器件列表

实验器件	数 量	实验器件	数 量
Landzoduino 开发板	1 块	面包板	1 块
编程线	1 根	一位数码管	1 个
杜邦线	若干	220 Ω 电阻	1 个

数码管实验接线图参考图 5.11.5。

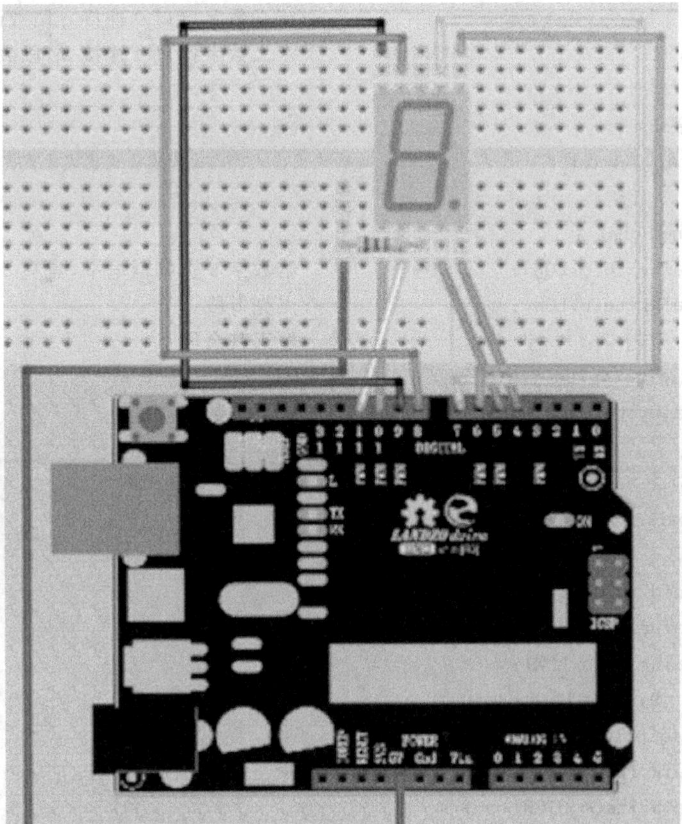

图 5.11.5 数码管实验接线图

5.11.3 程序设计

程序代码如下：

```
/*************************************************************
数码管实验程序
数码管显示数字 1～8,逐次循环。
http://www.landzo.com/
This example code is in the public domain.
*************************************************************/
//设置控制各段的数字 I/O 引脚
int a = 7;                              //定义数字接口 7 连接 a 段数码管
int b = 6;                              //定义数字接口 6 连接 b 段数码管
int c = 5;                              //定义数字接口 5 连接 c 段数码管
int d = 11;                             //定义数字接口 11 连接 d 段数码管
int e = 10;                             //定义数字接口 10 连接 e 段数码管
int f = 8;                              //定义数字接口 8 连接 f 段数码管
int g = 9;                              //定义数字接口 9 连接 g 段数码管
int dp = 4;                             //定义数字接口 4 连接 dp 段数码管

//显示数字 1
void digital_1(void)
{
    unsigned char j;
    digitalWrite(c,LOW);                //给数字 5 引脚低电平,点亮 c 段
    digitalWrite(b,LOW);                //点亮 b 段
    for(j = 7;j< = 11;j++ )             //熄灭其余段
        digitalWrite(j,HIGH);
    digitalWrite(dp,HIGH);              //熄灭小数点 DP 段
}
//显示数字 2
void digital_2(void)
{
    unsigned char j;
    digitalWrite(b,LOW);
    digitalWrite(a,LOW);
    for(j = 9;j< = 11;j++ )
        digitalWrite(j,LOW);
    digitalWrite(dp,HIGH);
    digitalWrite(c,HIGH);
    digitalWrite(f,HIGH);
}
```

```
//显示数字 3
void digital_3(void)
{
    unsigned char j;
    digitalWrite(g,LOW);
    digitalWrite(d,LOW);
    for(j = 5;j< = 7;j ++ )
        digitalWrite(j,LOW);
    digitalWrite(dp,HIGH);
    digitalWrite(f,HIGH);
    digitalWrite(e,HIGH);
}
//显示数字 4
void digital_4(void)
{
    digitalWrite(c,LOW);
    digitalWrite(b,LOW);
    digitalWrite(f,LOW);
    digitalWrite(g,LOW);
    digitalWrite(dp,HIGH);
    digitalWrite(a,HIGH);
    digitalWrite(e,HIGH);
    digitalWrite(d,HIGH);
}
//显示数字 5
void digital_5(void)
{
    unsigned char j;
    for(j = 7;j< = 9;j ++ )
    digitalWrite(j,LOW);
    digitalWrite(c,LOW);
    digitalWrite(d,LOW);
    digitalWrite(dp,HIGH);
    digitalWrite(b,HIGH);
    digitalWrite(e,HIGH);
}
//显示数字 6
void digital_6(void)
{
    unsigned char j;
    for(j = 7;j< = 11;j ++ )
        digitalWrite(j,LOW);
```

```
    digitalWrite(c,LOW);
    digitalWrite(dp,HIGH);
    digitalWrite(b,HIGH);
}
//显示数字 7
void digital_7(void)
{
    unsigned char j;
    for(j = 5;j< = 7;j ++ )
        digitalWrite(j,LOW);
    digitalWrite(dp,HIGH);
    for(j = 8;j< = 11;j ++ )
        digitalWrite(j,HIGH);
}
//显示数字 8
void digital_8(void)
{
    unsigned char j;
    for(j = 5;j< = 11;j ++ )
        digitalWrite(j,LOW);
    digitalWrite(dp,HIGH);
}

/*****************************************************
            初始化部分_setup()函数
*****************************************************/
void setup()
{
    int i;                              //定义变量
    for(i = 4;i< = 11;i ++ )
        pinMode(i,OUTPUT);              //设置 4～11 引脚为输出模式
}

/*****************************************************
执行部分_loop()函数
*****************************************************/
void loop()
{
    while(1)
    {
        digital_1();                    //显示数字 1
        delay(1000);                    //延时 2 s
```

```
        digital_2();                        //显示数字 2
        delay(1000);                        //延时 1 s
        digital_3();                        //显示数字 3
        delay(1000);                        //延时 1 s
        digital_4();                        //显示数字 4
        delay(1000);                        //延时 1 s
        digital_5();                        //显示数字 5
        delay(1000);                        //延时 1 s
        digital_6();                        //显示数字 6
        delay(1000);                        //延时 1 s
        digital_7();                        //显示数字 7
        delay(1000);                        //延时 1 s
        digital_8();                        //显示数字 8
        delay(1000);                        //延时 1 s
    }
}
```

在 setup()前面定义了一系列的数字显示子程序，返回子程序的定义可以方便在 loop()中使用，使用时将子程序的名子写上即可。

5.11.4　实验操作

(1) 按照图 5.11.5 将电路连接到 Landzoduino 开发板上。按数码管接法将数码管 g 段通过限流电阻与数字 9 引脚相连，f 段通过限流电阻与数字 8 引脚相连，共阳极与 5 V 插口相连，同样，a、b 分别接 7、6 引脚，e、d 分别接 10、11 引脚，第二个共阳极可以不接，c、DP 分别接 5、4 引脚，连线完毕。

(2) 插上编程线，把程序下载到 Landzoduino 控制板上。

(3) 观察运行的情况。

将限流电阻的一端插到数字 I/O 中，另一端与数码管的字段引脚相连，剩下的六个字段和一个小数点依次按照这种方法连接。如果是共阳极，则公共极 COM 就接到+5 V；如果是共阴极，则公共极 COM 就接到 GND。

5.11.5　实验结果

将程序下载到实验板后可以看到，数码管循环显示数字 1～8，每个数字显示 2 s。

5.12　4 位数码管实验

数码管是一种半导体发光器件，其基本单元是发光二极管。数码管按段数分为七段数码管和八段数码管，八段数码管比七段数码管多一个发光二极管单元(多一个小数点显示)。

数码管按能显示多少个“8”字可分为 1 位、2 位、4 位等数码管，如图 5.12.1 所示。

图 5.12.1　各种数码管实物图

按发光二极管单元连接方式，数码管可分为共阳极数码管和共阴极数码管，如图 5.12.2所示。共阳极数码管是指将所有发光二极管的阳极连接到一起形成公共阳极(COM)的数码管。共阳极数码管在应用时应将公共极 COM 接到＋5 V 上，当某一字段发光二极管的阴极为低电平时，相应字段就点亮；当某一字段的阴极为高电平时，相应字段就不亮。

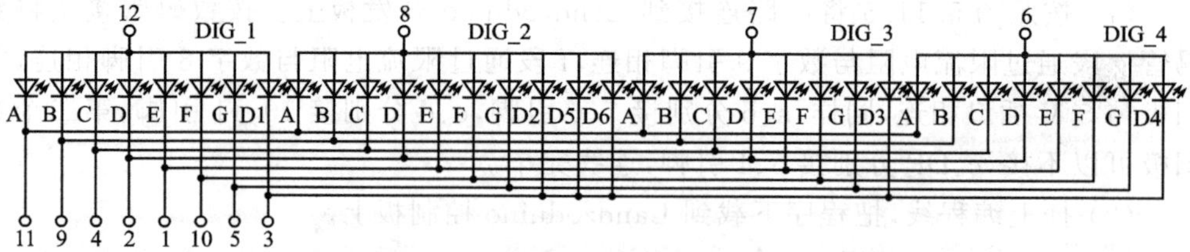

(a) 共阳极数码管

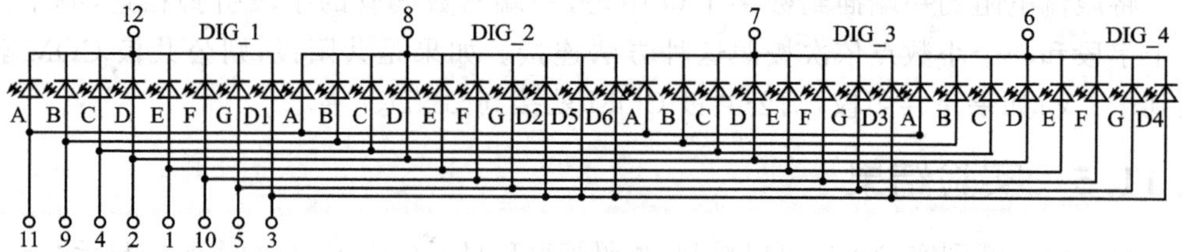

(b) 共阴极数码管

图 5.12.2　共阳极和共阴极数码管内部结构图

5.12.1　实验原理

数码管的每一段都是由发光二极管组成的，所以在使用时跟发光二极管一样，也要连接限流电阻，否则电流过大会烧毁发光二极管。本实验用的是共阳极数码管，共阳极数码管在应用时应将公共极 COM 接到＋5 V 上，当某一字段发光二极管的阴极为低电平时，相应字段就点亮；当某一字段的阴极为高电平时，相应字段就不亮。

5.12.2 硬件电路

4 位数码管实验器件参考表 5.12.1。

表 5.12.1 4 位数码管实验器件列表

实验器件	数 量	实验器件	数 量
Landzoduino 开发板	1 块	面包板	1 块
编程线	1 根	4 位一体数码管	1 个
杜邦线	若干	220 Ω 电阻	8 个

对于 5643A(套件中是 5643A)，请参照图 5.12.3 接线。

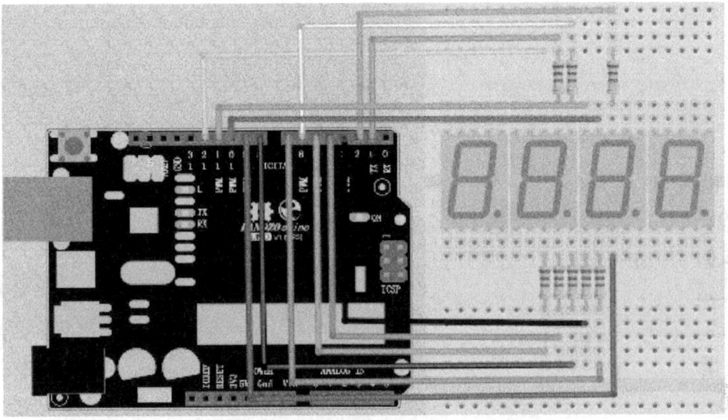

图 5.12.3 5643A 4 位数码管接线图

对于 5643S，请参照图 5.12.4 接线。

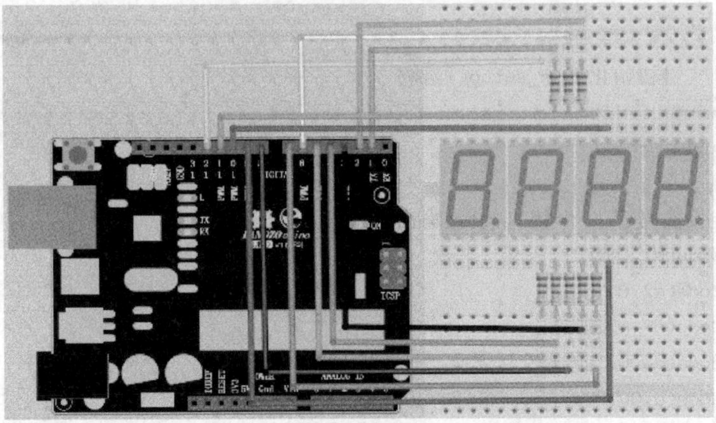

图 5.12.4 5643S 4 位数码管接线图

5.12.3 程序设计

程序代码如下：

```
/*****************************************************
4 位数码管实验程序
数码管显示数字 0～9 999,逐次循环(即秒表功能)
http://www.landzo.com/
This example code is in the public domain.
*****************************************************/
//设置阳极接口
int a = 1;
int b = 2;
int c = 3;
int d = 4;
int e = 5;
int f = 6;
int g = 7;
int p = 8;
//设置阴极接口
int d4 = 9;
int d3 = 10;
int d2 = 11;
int d1 = 12;
//设置变量
long n = 0;
int x = 100;
//此处数值可对时钟进行微调
int del = 55;

/*****************************************************
             初始化部分_setup()函数
*****************************************************/
void setup()
{
    //连接数码管 12 个接口,设置输出模式
    pinMode(d1,OUTPUT);
    pinMode(d2,OUTPUT);
    pinMode(d3,OUTPUT);
    pinMode(d4,OUTPUT);
    pinMode(a,OUTPUT);
    pinMode(b,OUTPUT);
```

```
    pinMode(c,OUTPUT);
    pinMode(d,OUTPUT);
    pinMode(e,OUTPUT);
    pinMode(f,OUTPUT);
    pinMode(g,OUTPUT);
    pinMode(p,OUTPUT);
}

/*****************************************************
            执行部分_loop()函数
*****************************************************/
void loop()
{
    //千位数码管处理部分,千位对应百秒级
    clearLEDs();                        //清除显示
    pickDigit(1);                       //千位数码管公共端开启
    pickNumber((n/x/1000) % 10);        //千位数码管显示数字
    delayMicroseconds(del);             //延时 del 时间

    //百位数码管处理部分,百位对应十秒级
    clearLEDs();                        //清除显示
    pickDigit(2);                       //百位数码管公共端开启
    pickNumber((n/x/100) % 10);         //百位数码管显示数字
    delayMicroseconds(del);             //延时 del 时间

    //十位数码管处理部分,十位对应秒级
    clearLEDs();                        //清除显示
    pickDigit(3);                       //十位数码管公共端开启
    dispDec(3);                         //十位数码管显示小数点
    pickNumber((n/x/10) % 10);          //十位数码管显示数字
    delayMicroseconds(del);             //延时 del 时间

    //个位数码管处理部分,十位对应百毫秒级
    clearLEDs();                        //清除显示
    pickDigit(4);                       //个位数码管公共端开启
    pickNumber(n/x % 10);               //个位数码管显示数字
    delayMicroseconds(del);             //延时 del 时间

    n++;                                //n 是程序循环次数,程序每循环一次,n 就加 1
    if (digitalRead(13) == LOW)
    {
        n = 0;                          //当数值超过 9 999 时,n 清零
```

```
    }
}

//定义 pickDigit(x),其作用是开启 x 端口
void pickDigit(int x)
{
    digitalWrite(d1,HIGH);
    digitalWrite(d2,HIGH);
    digitalWrite(d3,HIGH);
    digitalWrite(d4,HIGH);

    switch(x)
    {
    case 1:
        digitalWrite(d1,LOW);
        break;
    case 2:
        digitalWrite(d2,LOW);
        break;
    case 3:
        digitalWrite(d3,LOW);
        break;
    default:
        digitalWrite(d4,LOW);
        break;
    }
}

//定义 pickNumber(x),其作用是显示数字 x
void pickNumber(int x)
{
    switch(x)
    {
    default:
        zero();
        break;
    case 1:
        one();
        break;
    case 2:
        two();
        break;
```

```
    case 3：
        three()；
        break;
    case 4：
        four()；
        break;
    case 5：
        five()；
        break;
    case 6：
        six()；
        break;
    case 7：
        seven()；
        break;
    case 8：
        eight()；
        break;
    case 9：
        nine()；
        break;
    }
}

//设定开启小数点
void dispDec(int x)
{
    digitalWrite(p,LOW)；
}

//清屏，即清除当前显示
void clearLEDs()
{
    digitalWrite(a,LOW)；
    digitalWrite(b,LOW)；
    digitalWrite(c,LOW)；
    digitalWrite(d,LOW)；
    digitalWrite(e,LOW)；
    digitalWrite(f,LOW)；
    digitalWrite(g,LOW)；
    digitalWrite(p,LOW)；
}
```

```
//定义数字 0 时阴极那些引脚开关
void zero()
{
    digitalWrite(a,HIGH);
    digitalWrite(b,HIGH);
    digitalWrite(c,HIGH);
    digitalWrite(d,HIGH);
    digitalWrite(e,HIGH);
    digitalWrite(f,HIGH);
    digitalWrite(g,LOW);
}

//定义数字 1 时阴极那些引脚开关
void one()
{
    digitalWrite(a,LOW);
    digitalWrite(b,HIGH);
    digitalWrite(c,HIGH);
    digitalWrite(d,LOW);
    digitalWrite(e,LOW);
    digitalWrite(f,LOW);
    digitalWrite(g,LOW);
}

//定义数字 2 时阴极那些引脚开关
void two()
{
    digitalWrite(a,HIGH);
    digitalWrite(b,HIGH);
    digitalWrite(c,LOW);
    digitalWrite(d,HIGH);
    digitalWrite(e,HIGH);
    digitalWrite(f,LOW);
    digitalWrite(g,HIGH);
}

//定义数字 3 时阴极那些引脚开关
void three()
{
    digitalWrite(a,HIGH);
    digitalWrite(b,HIGH);
```

```
    digitalWrite(c,HIGH);
    digitalWrite(d,HIGH);
    digitalWrite(e,LOW);
    digitalWrite(f,LOW);
    digitalWrite(g,HIGH);
}

//定义数字 4 时阴极那些引脚开关
void four()
{
    digitalWrite(a,LOW);
    digitalWrite(b,HIGH);
    digitalWrite(c,HIGH);
    digitalWrite(d,LOW);
    digitalWrite(e,LOW);
    digitalWrite(f,HIGH);
    digitalWrite(g,HIGH);
}

//定义数字 5 时阴极那些引脚开关
void five()
{
    digitalWrite(a,HIGH);
    digitalWrite(b,LOW);
    digitalWrite(c,HIGH);
    digitalWrite(d,HIGH);
    digitalWrite(e,LOW);
    digitalWrite(f,HIGH);
    digitalWrite(g,HIGH);
}

//定义数字 6 时阴极那些引脚开关
void six()
{
    digitalWrite(a,HIGH);
    digitalWrite(b,LOW);
    digitalWrite(c,HIGH);
    digitalWrite(d,HIGH);
    digitalWrite(e,HIGH);
    digitalWrite(f,HIGH);
    digitalWrite(g,HIGH);
}
```

```
//定义数字 7 时阴极那些引脚开关
void seven()
{
    digitalWrite(a,HIGH);
    digitalWrite(b,HIGH);
    digitalWrite(c,HIGH);
    digitalWrite(d,LOW);
    digitalWrite(e,LOW);
    digitalWrite(f,LOW);
    digitalWrite(g,LOW);
}

//定义数字 8 时阴极那些引脚开关
void eight()
{
    digitalWrite(a,HIGH);
    digitalWrite(b,HIGH);
    digitalWrite(c,HIGH);
    digitalWrite(d,HIGH);
    digitalWrite(e,HIGH);
    digitalWrite(f,HIGH);
    digitalWrite(g,HIGH);
}

//定义数字 9 时阴极那些引脚开关
void nine()
{
    digitalWrite(a,HIGH);
    digitalWrite(b,HIGH);
    digitalWrite(c,HIGH);
    digitalWrite(d,HIGH);
    digitalWrite(e,LOW);
    digitalWrite(f,HIGH);
    digitalWrite(g,HIGH);
}
```

在 setup()前面定义了一系列的数字显示子程序，这些子程序的定义可以方便地在 loop()函数中使用，使用时只需将子程序的名字写上即可。

5.12.4 实验操作

(1) 按照图 5.12.3 将电路连接到 Landzoduino 开发板上。驱动数码管限流电阻肯定是必不可少的。限流电阻有两种接法。一种是在 d1～d4 阳极接，总共接 4 个。这种接法的好处是电阻比较少，但是，每一位上显示的不同数字的亮度会不一样，1 最亮，8 最暗。另外一种接法是在其他 8 个引脚上接，这种接法亮度显示均匀，但是用电阻较多。本实验使用 8 个 220 Ω 电阻。将限流电阻的一端插到数字 I/O 中，另一端与数码管的字段引脚相连，剩下六个字段和一个小数点依次按照这种方法接。如果是共阳极，就将公共极 COM 接到＋5 V；如果是共阴极，就将公共极 COM 接到 GND。4 位数码管总共有 12 个引脚，小数点朝下正放在面前时，左下角为 1，其他引脚顺序为逆时针方向。左上角为最大的 12 号引脚，如图 5.12.5 和图 5.12.6 所示。

(2) 插上编程线，把程序下载到 Landzoduino 控制板上。

(3) 观察运行的情况。

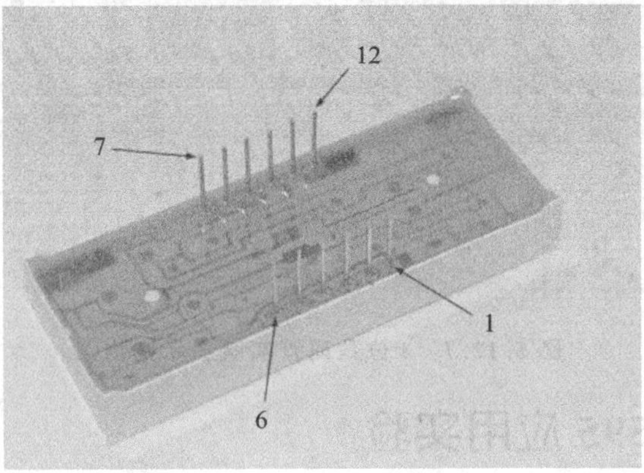

图 5.12.5 数码管实物引脚图

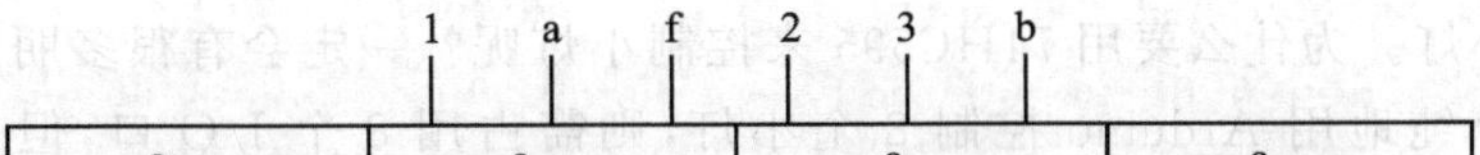

图 5.12.6 数码管实物引脚对应标识

5.12.5 实验结果

程序下载之后，数码管显示的数据按照秒表的顺序一直加。如图 5.12.7 所示，右二位是秒位。秒表最大计数值是 999.9，之后清零。通过本实验熟悉了数码管的应用，为后面使用数码管作铺垫。图 5.12.7 是 4 位数码管实验显示实物图。

图 5.12.7 4 位数码管实验显示实物图

5.13 74HC595 应用实验

74HC595 有 8 位寄存器和一个存储器，具有三态输出功能。本节用它来控制 8 个LED 小灯。为什么要用 74HC595 来控制小灯呢？一定会有很多朋友问这个问题。如果单纯地用 Arduino 控制 8 个小灯，则需占用 8 个 I/O 口，但是，Arduino UNO 加上模拟接口也就 20 个。因此，用 Arduino 控制 8 个小灯会占用太多的资源。这里用 74HC595 的目的就是减少 I/O 口的使用数量。用了 74HC595 芯片以后，我们可以用 3 个数字 I/O 口控制 8 个 LED 小灯，岂不美哉！

5.13.1 实验原理

3 个数字 I/O 口的高低电平一共有几种情况呢？一个数字 I/O 口有高电平和低电平两种情况，两个数字 I/O 口的组合就有 4 种情况，因此，3 个数字 I/O 口的组合就有 8 种情况。这样，通过控制输入的三个引脚的电平改变，可以达到输出控制 8 盏灯的效果。

5.13.2　硬件电路

74HC595 应用实验器件参考表 5.13.1。

表 5.13.1　74HC595 应用实验器件列表

实验器件	数　量	实验器件	数　量
Landzoduino 开发板	1 块	75HC595	1 个
编程线	1 根	LED	8 个
杜邦线	若干	220 Ω 电阻	8 个
面包板	1 块		

74HC595 应用实验接线图如图 5.13.1 所示。

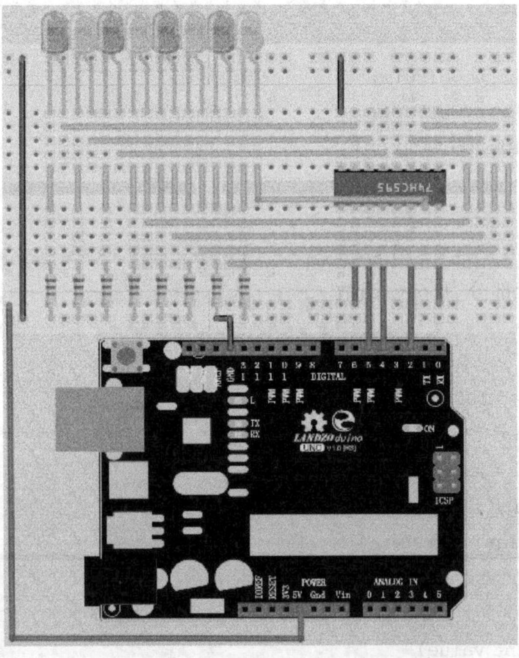

图 5.13.1　74HC595 应用实验接线图

5.13.3　程序设计

程序代码如下：

```
/**************************************************************
74HC595 应用实验程序
8 盏红绿灯交替闪烁
```

```
http://www.landzo.com/
This example code is in the public domain.
*****************************************************/
const int ON =   HIGH ;
const int OFF = LOW ;
int latchPin = 5;                                    //接 74HC595 的引脚位 12
int clockPin = 4;                                    //接 74HC595 的引脚位 11
int dataPin = 2;                                     //接 74HC595 的引脚位 14
//74HC595 的引脚位 16 接 5VDC
//74HC595 的引脚位 8 接 GND
int ledState = 0;

/****************************************************
              初始化部分_setup()函数
*****************************************************/
void setup() {
    pinMode(latchPin,OUTPUT);
    pinMode(clockPin,OUTPUT);
    pinMode(dataPin,OUTPUT);
}

/****************************************************
              执行部分_loop()函数
*****************************************************/
void loop() {
    int delayTime = 1000 ;
    for(int i = 0;i<256;i++)
    {
        updateLEDs(i);
        delay(delayTime);
    }
}
void updateLEDs(int value)
{
    digitalWrite(latchPin,LOW);
    shiftOut(dataPin,clockPin,MSBFIRST,value);
    digitalWrite(latchPin,HIGH);
}

void updateLEDsLong(int value)
{
    digitalWrite(latchPin,LOW);
```

```
    for(int i = 0;i<8;i++)
    {
        int bit = value&B10000000;
        value = value<<1;
        if(bit == 128)
        {
            digitalWrite(dataPin,HIGH);
        }
        else
        {
            digitalWrite(dataPin,LOW);
        }
        digitalWrite(clockPin,HIGH);
        delay(1);
        digitalWrite(clockPin,LOW);
    }
    digitalWrite(latchPin,HIGH);
}

int bits[] = {B00000001,B00000010,B00000100,B00001000,B00010000,B00100000,
B01000000,B10000000};
int masks[] = {B11111110,B11111101,B11111011,B11110111,B11101111,B11011111,
B10111111,B01111111};
void changeLED(int led,int state)
{
    ledState = ledState & masks[led];
    if(state == ON){ ledState = ledState|bits[led];}
    updateLEDs(ledState);
}
```

5.13.4 实验操作

(1) 按照图 5.13.1 将电路连接到 Landzoduino 开发板上。

(2) 插上编程线,把程序下载到 Landzoduino 控制板上。

(3) 观察运行的情况。

5.13.5 实验结果

下载完程序到 Landzoduino 控制板后,我们可以看到 8 个小灯闪烁的场景。这说明我们成功用 3 个数字 I/O 口控制了 8 个小灯,节约了资源,提高了效率。

5.14 8×8矩阵LEDs实验

5.14.1 实验原理

图5.14.1是矩阵LED的内部原理图。

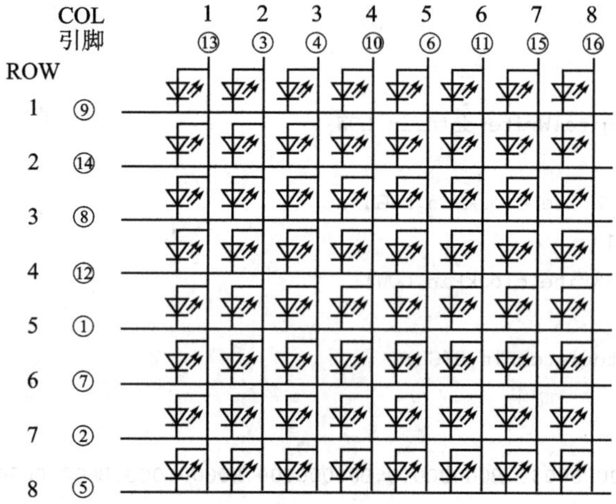

图5.14.1 矩阵LED内部原理图

看到内部原理图就不难发现，如果COL1接在高电平上，ROW1接在低电平上，那么坐标为(1,1)点的LED灯就点亮了。点亮8×8矩阵LEDs的一个LED如图5.14.2所示。

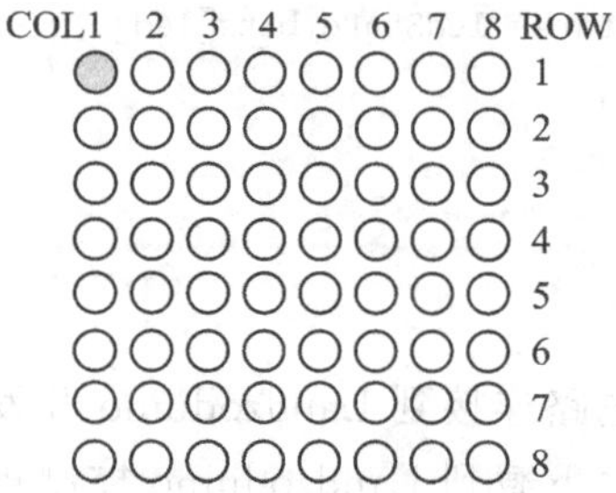

图5.14.2 点亮8×8矩阵LEDs的一个LED示意图

5.14.2 硬件电路

8×8矩阵LEDs实验器件参考表5.14.1。

表 5.14.1　8×8 矩阵 LEDs 实验器件列表

实验器件	数　量	实验器件	数　量
Landzoduino 开发板	1 块	面包板	1 块
编程线	1 根	8×8 矩阵	1 个
杜邦线	若干	220 Ω 电阻	8 个

8×8 矩阵 LEDs 实验接线图如图 5.14.3 所示。

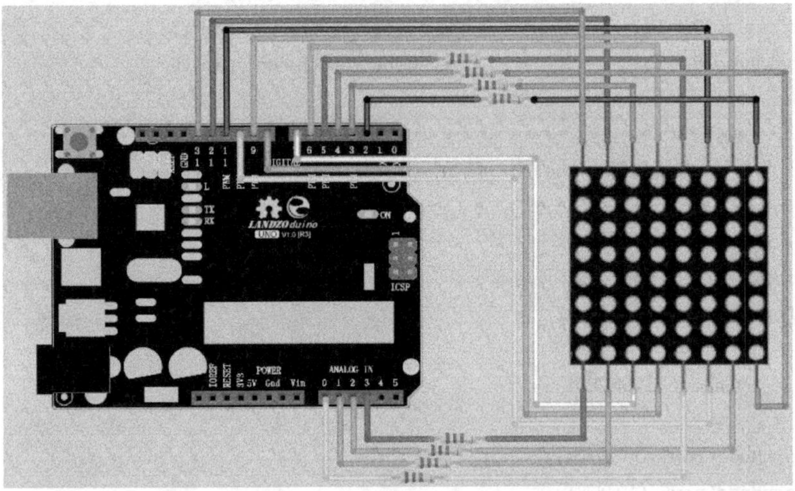

图 5.14.3　8×8 矩阵 LEDs 实验接线图

5.14.3　程序设计

程序代码如下：

```
/************************************************************
8×8 矩阵 LEDs 实验程序
点亮第一行第一列的矩阵灯
http://www.landzo.com/
This example code is in the public domain.
************************************************************/
//the pin to control ROW
const int row1 = 2;              //the number of the row pin 9
const int row2 = 3;              //the number of the row pin 14
const int row3 = 4;              //the number of the row pin 8
const int row4 = 5;              //the number of the row pin 12
const int row5 = 17;             //the number of the row pin 1
const int row6 = 16;             //the number of the row pin 7
```

```
const int row7 = 15;            //the number of the row pin 2
const int row8 = 14;            //the number of the row pin 5
//the pin to control COl
const int col1 = 6;             //the number of the col pin 13
const int col2 = 7;             //the number of the col pin 3
const int col3 = 8;             //the number of the col pin 4
const int col4 = 9;             //the number of the col pin 10
const int col5 = 10;            //the number of the col pin 6
const int col6 = 11;            //the number of the col pin 11
const int col7 = 12;            //the number of the col pin 15
const int col8 = 13;            //the number of the col pin 16

/****************************************************
        初始化部分_setup()函数
****************************************************/
void setup(){
    int i = 0 ;
    for(i = 2;i<18;i++)
    {
        pinMode(i,OUTPUT);
    }
    pinMode(row5,OUTPUT);
    pinMode(row6,OUTPUT);
    pinMode(row7,OUTPUT);
    pinMode(row8,OUTPUT);
    for(i = 2;i<18;i++) {
        digitalWrite(i,LOW);
    }
    digitalWrite(row5,LOW);
    digitalWrite(row6,LOW);
    digitalWrite(row7,LOW);
    digitalWrite(row8,LOW);
}

/****************************************************
        执行部分_loop()函数
****************************************************/
void loop(){
    int i;
    //the row # 1 and col # 1 of the LEDs turn on
    digitalWrite(row1,HIGH);
    digitalWrite(row2,LOW);
```

```
    digitalWrite(row3,LOW);
    digitalWrite(row4,LOW);
    digitalWrite(row5,LOW);
    digitalWrite(row6,LOW);
    digitalWrite(row7,LOW);
    digitalWrite(row8,LOW);

    digitalWrite(col1,LOW);
    digitalWrite(col2,HIGH);
    digitalWrite(col3,HIGH);
    digitalWrite(col4,HIGH);
    digitalWrite(col5,HIGH);
    digitalWrite(col6,HIGH);
    digitalWrite(col7,HIGH);
    digitalWrite(col8,HIGH);

    delay(1000);

    //turn off all
    for(i = 2;i<18;i++) {
        digitalWrite(i,LOW);
    }

    delay(1000);
}
```

5.14.4 实验操作

(1) 按照图 5.14.3 将电路连接到 Landzoduino 开发板上。

(2) 插上编程线,把程序下载到 Landzoduino 控制板上。

(3) 观察运行的情况。

5.14.5 实验结果

8×8 矩阵 LEDs 中的第一个灯亮起,说明矩阵是由一个个发光二极管组成的。通过发光二极管的导通和截止可以使 64 个点任意亮起。

有了点亮第一个灯的基础,我们可以做一下矩阵 LEDs 的提高实验。提高实验的原理和硬件连线等与基础实验完全一致,不同点在程序代码上。程序代码如下:

```
/*****************************************************************
8×8 矩阵 LEDs 实验程序
矩阵 LED 分别显示 A～I 的 9 个英文字母
```

```
http://www.landzo.com/
This example code is in the public domain.
****************************************************/
#define display_array_size 8
//ascii 8x8 dot font
#define data_null 0x00,0x00,0x00,0x00,0x00,0x00,0x00,0x00  //null char
#define data_ascii_A 0x02,0x0C,0x18,0x68,0x68,0x18,0x0C,0x02 /*"A",0*/
/**
**"A"
#define A  {//
    {0,0,0,0,0,0,1,0},                    //0x02
    {0,0,0,0,1,1,0,0},                    //0x0C
    {0,0,0,1,1,0,0,0},                    //0x18
    {0,1,1,0,1,0,0,0},                    //0x68
    {0,1,1,0,1,0,0,0},                    //0x68
    {0,0,0,1,1,0,0,0},                    //0x18
    {0,0,0,0,1,1,0,0},                    //0x0C
    {0,0,0,0,0,0,1,0}                     //0x02
}
**/
#define data_ascii_B 0x00,0x7E,0x52,0x52,0x52,0x52,0x2C,0x00 /*"B",1*/
#define data_ascii_C 0x00,0x3C,0x66,0x42,0x42,0x42,0x2C,0x00 /*"C",2*/
#define data_ascii_D 0x00,0x7E,0x42,0x42,0x42,0x66,0x3C,0x00 /*"D",3*/
#define data_ascii_E 0x00,0x7E,0x52,0x52,0x52,0x52,0x52,0x42 /*"E",4*/
#define data_ascii_F 0x00,0x7E,0x50,0x50,0x50,0x50,0x50,0x40 /*"F",5*/
#define data_ascii_G 0x00,0x3C,0x66,0x42,0x42,0x52,0x16,0x1E /*"G",6*/
#define data_ascii_H 0x00,0x7E,0x10,0x10,0x10,0x10,0x7E,0x00 /*"H",7*/
#define data_ascii_I 0x00,0x00,0x00,0x7E,0x00,0x00,0x00,0x00 /*"I",8*/
//display array
byte data_ascii[][display_array_size] = {
    data_null,
    data_ascii_A,data_ascii_B,
    data_ascii_C,
    data_ascii_D,
    data_ascii_E,
    data_ascii_F,
    data_ascii_G,
    data_ascii_H,
    data_ascii_I,
};
//the pin to control ROW
const int row1 = 2;                       //the number of the row pin 24
```

```
const int row2 = 3;                  //the number of the row pin 23
const int row3 = 4;                  //the number of the row pin 22
const int row4 = 5;                  //the number of the row pin 21
const int row5 = 17;                 //the number of the row pin 4
const int row6 = 16;                 //the number of the row pin 3
const int row7 = 15;                 //the number of the row pin 2
const int row8 = 14;                 //the number of the row pin 1
//the pin to control COl
const int col1 = 6;                  //the number of the col pin 20
const int col2 = 7;                  //the number of the col pin 19
const int col3 = 8;                  //the number of the col pin 18
const int col4 = 9;                  //the number of the col pin 17
const int col5 = 10;                 //the number of the col pin 16
const int col6 = 11;                 //the number of the col pin 15
const int col7 = 12;                 //the number of the col pin 14
const int col8 = 13;                 //the number of the col pin 13

void displayNum(byte rowNum,int colNum)
{
    int j;
    byte temp = rowNum;
    for(j = 2;j<6;j++)
    {
        digitalWrite(j,LOW);
    }
    digitalWrite(row5,LOW);
    digitalWrite(row6,LOW);
    digitalWrite(row7,LOW);
    digitalWrite(row8,LOW);
    for(j = 6;j<14;j++)
    {
        digitalWrite(j,HIGH);}
        switch(colNum)
        {
            case 1: digitalWrite(col1,LOW);break;
            case 2: digitalWrite(col2,LOW);break;
            case 3: digitalWrite(col3,LOW);break;
            case 4: digitalWrite(col4,LOW);break;
            case 5: digitalWrite(col5,LOW);break;
            case 6: digitalWrite(col6,LOW);break;
            case 7: digitalWrite(col7,LOW);break;
            case 8: digitalWrite(col8,LOW);break;
```

```
            default: break;
        }
        for(j = 1 ;j < 9;j ++ )
        {
            temp = (0x80)&(temp) ;
            if(temp == 0)
            {
                temp = rowNum<<j;
                continue;
            }
            switch(j)
            {
                case 1: digitalWrite(row1,HIGH);break;
                case 2: digitalWrite(row2,HIGH);break;
                case 3: digitalWrite(row3,HIGH);break;
                case 4: digitalWrite(row4,HIGH);break;
                case 5: digitalWrite(row5,HIGH);break;
                case 6: digitalWrite(row6,HIGH);break;
                case 7: digitalWrite(row7,HIGH);break;
                case 8: digitalWrite(row8,HIGH);break;
                default: break;
        }
        temp = rowNum<<j;
    }
}

/*******************************************************
              初始化部分_setup()函数
*******************************************************/
void setup(){
    int i = 0 ;
    for(i = 2;i<18;i ++ )
    {
        pinMode(i,OUTPUT);
    }

    for(i = 2;i<18;i ++ ) {
        digitalWrite(i,LOW);
    }
}

/*******************************************************
```

```
    执行部分_loop()函数
**************************************************************/
void loop(){
    int t1;
    int l;
    int arrage;
    for(arrage = 0;arrage<10;arrage++)
    {
        for(l = 0;l<512;l++)
        {
            for(t1 = 0;t1<8;t1++)
            {
                displayNum(data_ascii[arrage][t1],(t1 + 1));
            }
        }
    }
}
```

程序通过矩阵 LEDs 显示英文字母 ABCDEFGI,并依次循环。通过学习矩阵 LEDs 程序,可以充分理解矩阵的使用,这样,即使再大一些的 LEDs 点阵屏,大家也可以自如地操控了。

5.15 红外遥控实验

遥控车、遥控坦克、遥控飞机等遥控玩具陪很多人度过了一段快乐的童年时光。读者是不是很好奇这些遥控玩具是怎么实现的呢?遥控器和器件之间是如何连接在一起的呢?本节就通过简单的红外遥控实验带领大家领略一下无线遥控的通信世界的神奇。

5.15.1 实验原理

遥控灯实验正是通过红外线传输时携带的载波信息,来实现遥控器和接收头(见图 5.15.1)的沟通和交互的。那么红外线又是什么呢?

红外线是波长介乎微波与可见光之间的电磁波,波长为 760 nm~1 mm,比红光长的非可见光。高于绝对零度(-273.15 ℃)的物质都可以产生红外线,现代物理学称之为热射线。红外线是太阳光线中众多不可见光线中的一种,由英国科学家赫歇尔于 1800 年发现,又称为红外热辐射。其原理是将太阳光用三棱镜分解开,在各种不同颜色的色带位置上放置温度计,试图测量各种颜色的光的加热效应。结果发现,位于红光外侧的温度计升温最快。因此得到结论:太阳光谱中,红光的外侧必定存在看不见的光线,这就是红外线。也可以当作传输媒介。

红外线通信是一种利用红外线传输信息的通信方式，可传输语言、文字、数据、图像等信息。但是，对传输角度有一定限制，例如空调遥控器、电视机遥控器等，使用时都要在一定角度范围内。

红外遥控器发出的信号是二进制码。为了减少干扰，需要把二进制码调制在特定载波频率上，之后经过遥控器上的红外发射二极管发射出去，红外接收头接收到后，将特定频率的信号再解调还原成二进制脉冲码。在这个过程中，使用的红外遥控器的实物如图5.15.2所示。

图5.15.1 红外接收头引脚图

图5.15.2 红外遥控器的实物图

在本实验中，是需要使用红外遥控器发送二进制码值的，而遥控器的按键与二进制码值的对应关系如表5.15.1所列。

表5.15.1 遥控器按键与二进制码值对应表

按　键	编　码	按　键	编　码
CH－	16753245	FL＋(200＋)	16756815
CH	16736925	1	16724175
CH＋	16769565	2	16718055
后退	16720605	3	16743045
前进	16712445	4	16716015
暂停	16769055	5	16726215
－	16769055	6	16734855
＋	16754775	7	16728765
EQ	16748655	8	16730805
0	16738455	9	16732845
FL－(100＋)	16750695		

有了按键和编码值的对应关系，就可以通过按下按键，将对应的编码值成功地发射出去。

5.15.2 硬件电路

红外遥控实验器件参考表 5.15.2。

表 5.15.2 红外遥控实验器件列表

实验器件	数 量	实验器件	数 量
Landzoduino 开发板	1 块	红外遥控器	1 个
编程线	1 根	红外接收头	1 个
杜邦线	若干	220 Ω 电阻	1 个
面包板	1 块		

红外遥控实验接线如图 5.15.3 所示。

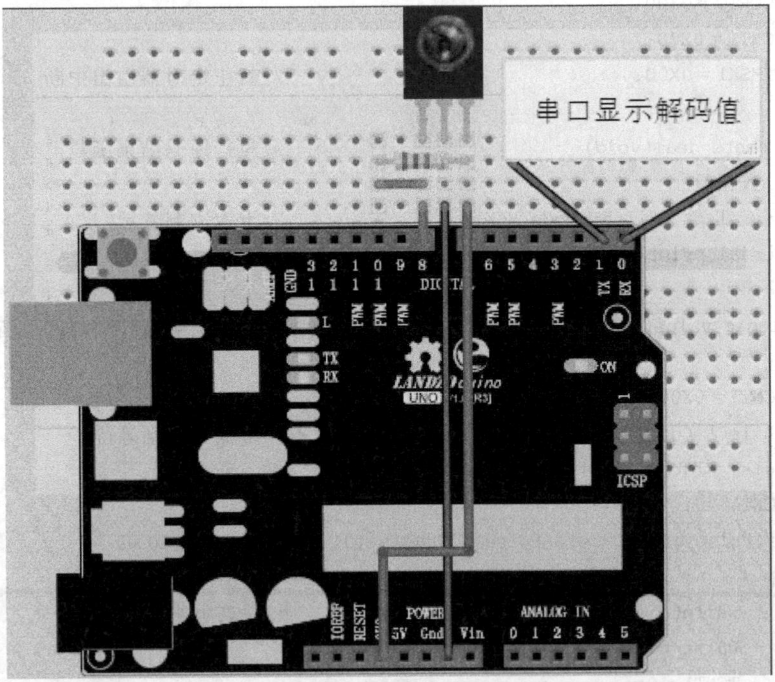

图 5.15.3 红外遥控实验接线图

5.15.3 程序设计

程序代码如下：

```
/ ***********************************************************
红外遥控实验程序
对遥控器的编码,进行解码并串口显示
http://www.landzo.com/
```

```
This example code is in the public domain.
***************************************************/
#define IR_IN 8                                      //红外接收

int Pulse_Width = 0;                                 //存储脉宽
int ir_code = 0x00;                                  //用户编码值
char adrL_code = 0x00;                               //命令码
char adrH_code = 0x00;                               //命令码反码

void timer1_init(void)                               //定时器初始化函数
{
    TCCR1A = 0X00;
    TCCR1B = 0X05;                                   //给定时器时钟源
    TCCR1C = 0X00;
    TCNT1 = 0X00;
    TIMSK1 = 0X00;                                   //禁止定时器溢出中断
}
void remote_deal(void)                               //执行译码结果函数
{   //数据显示
    Serial.println(ir_code,HEX);                     //十六进制显示
    Serial.println(adrL_code,HEX);                   //十六进制显示
}
char logic_value()                                   //判断逻辑值"0"和"1"子函数
{
    TCNT1 = 0X00;
    while(! (digitalRead(IR_IN)));                   //是低电平则等待
    Pulse_Width = TCNT1;
    TCNT1 = 0;
    if(Pulse_Width> = 7&&Pulse_Width< = 10)          //低电平 560 μs
    {
        while(digitalRead(IR_IN));                   //是高电平则等待
        Pulse_Width = TCNT1;
        TCNT1 = 0;
        if(Pulse_Width> = 7&&Pulse_Width< = 10)  //接着高电平 560 μs
            return 0;
        else if(Pulse_Width> = 25&&Pulse_Width< = 27)    //接着高电平 1.7 ms
            return 1;
    }
    return - 1;
}
void pulse_deal()                                    //接收地址码和命令码脉冲函数
{
```

```
    int i;
    int j;
    ir_code = 0x00;                             //清零
    adrL_code = 0x00;                           //清零
    adrH_code = 0x00;                           //清零

    //解析遥控器编码中的用户编码值
    for(i = 0 ;i < 16;i++)
    {
        if(logic_value() == 1)                  //是 1
            ir_code |= (1<<i);                  //保存键值
    }
    //解析遥控器编码中的命令码
    for(i = 0 ;i < 8;i++)
    {
        if(logic_value() == 1)                  //是 1
            adrL_code |= (1<<i);                //保存键值
    }
    //解析遥控器编码中的命令码反码
    for(j = 0 ;j < 8;j++)
    {
        if(logic_value() == 1)                  //是 1
            adrH_code |= (1<<j);                //保存键值
    }
}
void remote_decode(void)                        //译码函数
{
    TCNT1 = 0X00;
    while(digitalRead(IR_IN))                   //是高电平则等待
    {
        if(TCNT1>= 1563)                        //当高电平持续时间超过 100 ms 时,
                                                //表明此时没有按键按下
        {
            ir_code = 0x00ff;                   //用户编码值
            adrL_code = 0x00;                   //键码前一个字节值
            adrH_code = 0x00;                   //键码后一个字节值
            return;
        }
    }

    //如果高电平持续时间不超过 100 ms
    TCNT1 = 0X00;
```

```
    while(! (digitalRead(IR_IN)));               //低电平则等待
    Pulse_Width = TCNT1;
    TCNT1 = 0;
    if(Pulse_Width> = 140&&Pulse_Width< = 141) //9 ms
    {
        while(digitalRead(IR_IN));               //是高电平则等待
        Pulse_Width = TCNT1;
        TCNT1 = 0;
        if(Pulse_Width> = 68&&Pulse_Width< = 72)              //4.5 ms
        {
            pulse_deal();
            return;
        }
        else if(Pulse_Width> = 34&&Pulse_Width< = 36)         //2.25 ms
        {
            while(! (digitalRead(IR_IN)));       //低电平则等待
            Pulse_Width = TCNT1;
            TCNT1 = 0;
            if(Pulse_Width> = 7&&Pulse_Width< = 10)      //560 μs
            {
                return;
            }
        }
    }
}

/*****************************************************
          初始化部分_setup()函数
*****************************************************/
void setup()
{
    Serial.begin(9600);
    pinMode(IR_IN,INPUT);                        //设置红外接收引脚为输入
    Serial.flush();
}

/*****************************************************
          执行部分_loop()函数
*****************************************************/
void loop()
{
```

```
timer1_init();                                  //定时器初始化
while(1)
{
    remote_decode();                            //译码
    remote_deal();                              //执行译码结果
}
}
```

根据编码的特点和接收端的波形，本实验将接收端的波形分成四部分：引导码（9 ms 和 4.5 ms 的脉冲）、地址码 16 位（包括 8 位地址位和 8 位地址位的取反）、命令码 16 位（包括 8 位命令位和 8 位命令位的取反）、重复码（9 ms、2.25 ms、560 μs 脉冲组成）。利用定时器对接收到的波形的高电平段和低电平段进行测量，根据测量时间来区分：逻辑 0、逻辑 1、引导脉冲、重复脉冲。引导码和地址码只要判断是正确的脉冲即可，不用存储，但是命令码必须存储，因为每个按键的命令码都不同。

5.15.4 实验操作

（1）按照图 5.15.3 将电路连接到 Landzoduino 开发板上。其中要注意红外接收头的引脚与连线。红外接收头有三个引脚（见图 5.15.1）。GND 连接实验板的 GND，VCC 连接实验板的 +5 V，VOUT 连接实验板数字端口 8，其中信号引脚要加一个 10 kΩ 上拉电阻。

（2）插上编程线，把程序下载到 Landzoduino 控制板上。

（3）观察运行的情况。

5.15.5 实验结果

按下红外遥控器上的按钮后，通过无线信号被红外接收头接收到。单片机将信号解码，通过 Landzoduino 开发板的串口发送到上位机显示。这个实验能让我们更好地理解红外发送的意义，以及熟悉开发板的串口部分。

5.16 超声波测距实验

5.16.1 实验原理

科学家们将每秒振动的次数称为声音的频率，它的单位是赫兹（Hz）。人类能听到的声波频率为 20～20 000 Hz。当声波的振动频率小于 20 Hz 或大于 20 000 Hz 时，我们便听不见了。因此，我们把频率高于 20 000 Hz 的声波称为超声波。由于超声波指向性强，能量消耗缓慢，在介质中传播的距离较远，因而超声波经常用于距离的测量。

超声波测距原理：超声波发射器向某一方向发射超声波，在发射时刻同时开始计时，超声波在空气中传播，途中碰到障碍物就立即返回，超声波接收器收到反射波就立即停止计时。超声波在空气中的传播速度为 340 m/s，根据计时器记录的时间 t，就可以计算出发射点距障碍物的距离(s)，即

$$s=340t/2$$

这就是所谓的时间差测距法。

超声波测距的原理是利用超声波在空气中的传播速度为已知，测量声波在发射后遇到障碍物反射回来的时间，根据发射和接收的时间差计算出发射点到障碍物的实际距离。由此可见，超声波测距原理与雷达原理是一样的。

测距的公式表示为

$$L=C\times T$$

式中：L 为测量的距离长度；C 为超声波在空气中的传播速度；T 为测量距离传播的时间差(T 为发射到接收时间数值的一半)。

下面介绍怎样使用 SR04 超声波模块来进行距离测量。本实验会用到脉冲计时的知识，通过计算脉冲时长可以算出超声波传感器所感知到的距离。

表 5.16.1 所列为 SR04 超声波模块参数。

表 5.16.1　SR04 超声波模块参数

工作电压	DC 5 V
工作电流/mA	15
工作频率/kHz	40
最远射程/m	4
最近射程/cm	2
测量角度/(°)	15
输入触发信号	10 μs 的 TTL 脉冲
输出回响信号	输出 TTL 电平信号，与射程成比例

5.16.2　硬件电路

超声波测距实验器件参考表 5.16.2。

表 5.16.2　超声波测距实验器件列表

实验器件	数　量	实验器件	数　量
Landzoduino 开发板	1 块	面包板	1 块
编程线	1 根	超声波模块	1 块
杜邦线	若干		

超声波测距实验接线如图 5.16.1 所示。

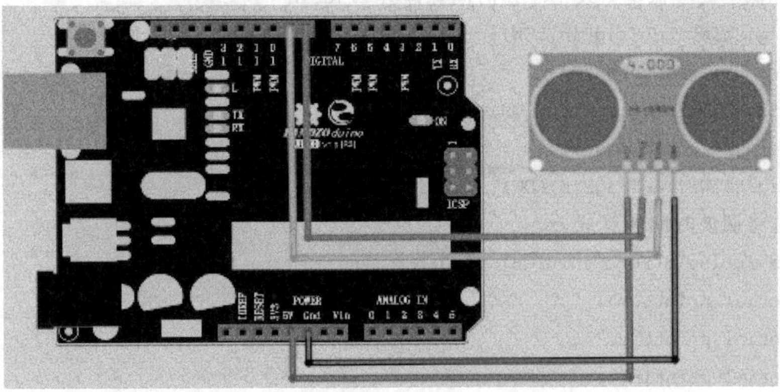

图 5.16.1　超声波测距实验接线图

5.16.3　程序设计

程序代码如下：

```
/***********************************************************
超声波测距实验程序
使用超声波传感器测距并串口显示距离值
http://www.landzo.com/
This example code is in the public domain.
***********************************************************/
const int TrigPin = 8;
const int EchoPin = 9;
float cm;
/***********************************************************
            初始化部分_setup()函数
***********************************************************/
void setup()
{
   Serial.begin(9600);
   pinMode(TrigPin,OUTPUT);
   pinMode(EchoPin,INPUT);
}
/***********************************************************
            执行部分_loop()函数
***********************************************************/
void loop()
```

```
{
    //低—高—低电平发一个短时间脉冲去 TrigPin
    digitalWrite(TrigPin,LOW);
    delayMicroseconds(2);
    digitalWrite(TrigPin,HIGH);
    delayMicroseconds(10);
    digitalWrite(TrigPin,LOW);
    //将回波时间换算成 cm
    cm = pulseIn(EchoPin,HIGH)/58.0;
    Serial.print(cm);
    Serial.print("cm");
    Serial.println();
    delay(1000);
}
```

5.16.4 实验操作

(1) 按照图 5.16.1 将电路连接到 Landzoduino 开发板上。
(2) 插上编程线,把程序下载到 Landzoduino 控制板上。
(3) 观察运行的情况。

5.16.5 实验结果

通过超声波模块的接收和发送,可以准确检测 3 m 之内的物体到超声波模块的距离。

5.17 舵机控制实验

舵机是一种位置伺服的驱动器(如图 5.17.1 所示),主要是由外壳、电路板、无核心马达、齿轮及位置检测器构成。其工作原理是由接收机或者单片机发出信号给舵机,其内部有一个基准电路,产生周期为 20 ms、宽度为 1.5 ms 的基准信号,将获得的直流偏置电压与电位器的电压进行比较,获得电压差输出;经由电路板上的 IC 判断转动方向,再驱动无核心马达开始转动,通过减速齿轮将动力传至摆臂,同时由位置检测器送回信号,判断是否已经到达定位。其适用于那些需要角度不断变化并可以保持的控制系统。当电机转速一定时,通过级联减速齿轮带动电位器旋转,使得电压差为 0,电机停止转动。一般舵机旋转的角度范围是 0～180°。

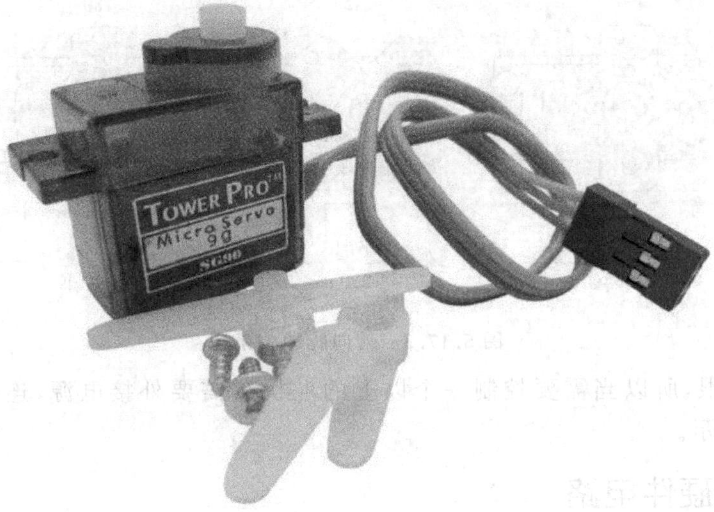

图 5.17.1 舵机实物图

5.17.1 实验原理

舵机有很多规格，但所有的舵机都有三根外接线，分别用棕、红、橙三种颜色进行区分。由于舵机品牌不同，因此颜色也会有所差异。棕色为接地线，红色为电源正极线，橙色为信号线，如图 5.17.2 所示。

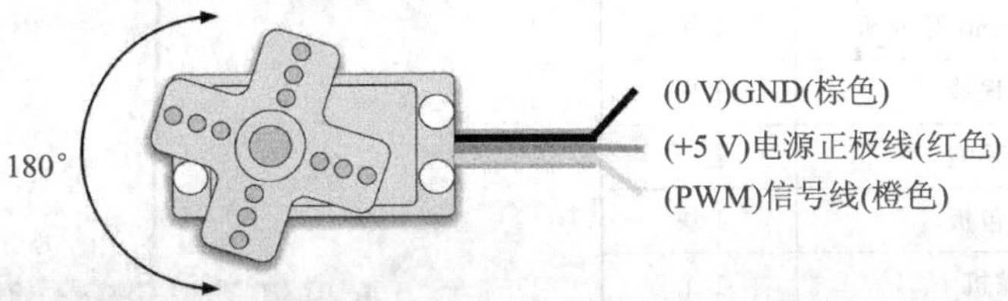

图 5.17.2 连线标识图

舵机转动的角度是通过调节 PWM(脉冲宽度调制)信号的占空比来实现的。标准 PWM 信号的周期固定为 20 ms(50 Hz)，理论上脉宽分布应在 1～2 ms 之间，但是，事实上脉宽可为 0.5～2.5 ms，脉宽与舵机的转角 0°～180°相对应。有一点值得注意，由于品牌不同，对于同一信号，不同品牌的舵机旋转的角度也会有所不同。图 5.17.3是转向脉冲关系图。

用 Arduino 控制舵机的方法有两种：一种是通过 Arduino 的普通数字传感器接口产生占空比不同的方波，模拟产生 PWM 信号进行舵机定位；第二种是直接利用 Arduino 自带的 Servo 函数控制舵机。第二种控制方法的优点是可程序编写；缺点是只能控制两路舵机，因为 Arduino 自带函数只能利用数字引脚 9、10。Arduino 的

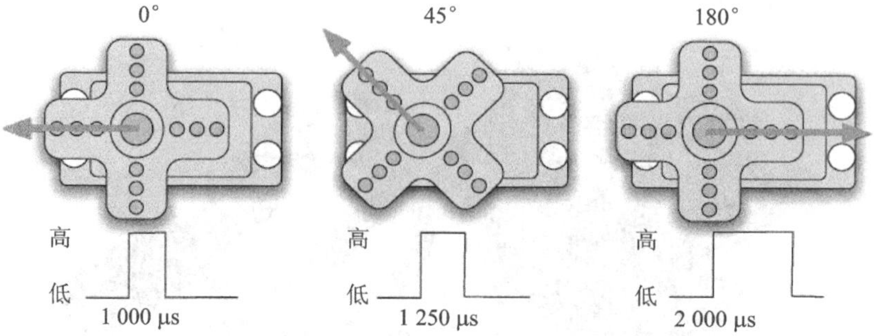

图 5.17.3 转向脉冲关系图

驱动能力有限，所以当需要控制一个以上的舵机时需要外接电源，连接线标识如图 5.17.2所示。

5.17.2 硬件电路

舵机控制实验器件参考表 5.17.1。

舵机控制实验接线图参考图 5.17.4。

表 5.17.1 舵机控制实验器件列表

实验器件	数　量
Landzoduino 开发板	1 块
编程线	1 根
杜邦线	若干
面包板	1 块
舵机	1 个

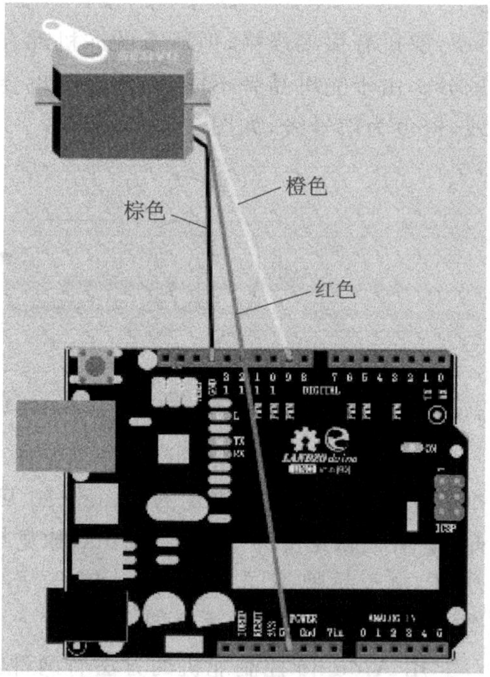

图 5.17.4 舵机控制实验接线图

5.17.3 程序设计

将舵机接数字引脚 9 上。

编写一个程序让舵机转动到用户输入数字所对应的角度的位置，并将角度打印显示到屏幕上。

程序代码如下：

```
/ ******************************************************
舵机控制实验程序
舵机连续左右摆动近 180°
http://www.landzo.com/
This example code is in the public domain.
******************************************************/
# include <Servo.h>
//定义舵机对象，最多 8 个
Servo myservo;
//定义舵机转动位置
int pos = 0;
/ ******************************************************
          初始化部分_setup()函数
******************************************************/
void setup()
{
    //设置舵机控制引脚
    myservo.attach(9);
}
/ ******************************************************
          执行部分_loop()函数
******************************************************/
void loop()
{
    //0°～180°旋转舵机，每次延时 15 ms
    for(pos = 0;pos < 180;pos += 1)
    {
        myservo.write(pos);
        delay(15);
    }
    //180°～0°旋转舵机，每次延时 15 ms
    for(pos = 180;pos> = 1;pos -= 1)
    {
        myservo.write(pos);
```

```
            delay(15);
        }
    }
```

5.17.4 实验操作

(1) 按照图 5.17.4 将电路连接到 Landzoduino 开发板上。

(2) 插上编程线，把程序下载到 Landzoduino 控制板上。插上 SG90 舵机，VCC(5V)接舵机的红线上，GND 接舵机的棕线上，数字口 9 引脚接橙色信号线。

(3) 观察运行的情况。

5.17.5 实验结果

上载到 Arduino 后，可以看到，舵机开始先按 0°～180°旋转，然后再从 180°～0°旋转。通过舵机控制实验，成功控制了舵机的转动，让学生熟悉了 PWM 控制的使用。

5.18 步进电机控制实验

5.18.1 实验原理

步进驱动器接收到一个脉冲信号，它就驱动步进电机按设定的方向转动一个固定的角度(即步进角)。本实验就是通过控制脉冲个数来控制角位移量，从而达到准确定位的目的。

步进电机控制实验所需元器件：步进电机、驱动器、电位器、面包板、若干跳线、Arduino 控制板，如图 5.18.1 所示。

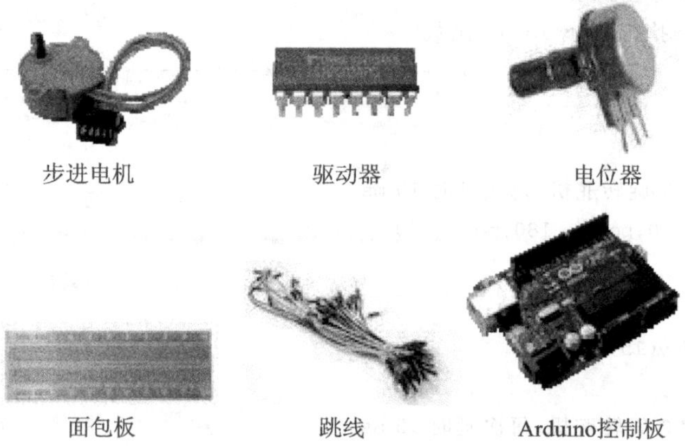

图 5.18.1 实验使用的元器件实物图

步进电机控制实验原理图如图 5.18.2 所示。

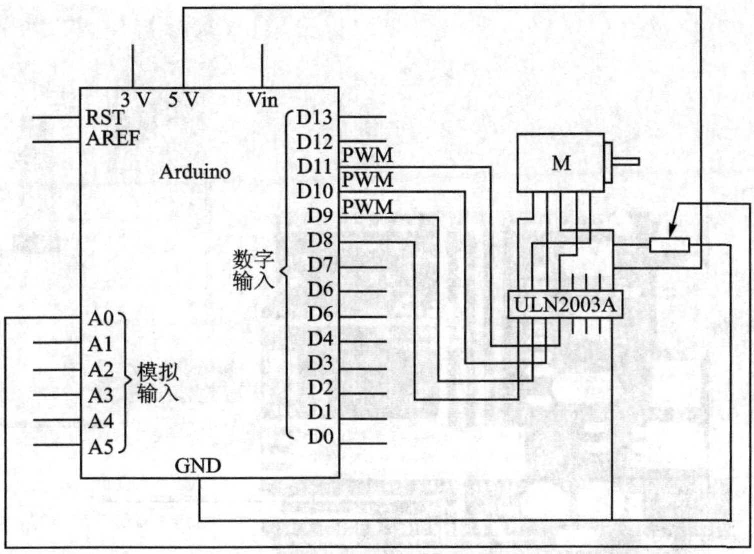

图 5.18.2 步进电机控制实验原理图

减速步进电机直径为 28 mm，电压为 5 V，步进角度为 5.625°×1/64（可 64 细分），减速比为 1/64。5 线 4 相的步进电机可以用普通 ULN2003 芯片驱动，也可以接成两相使用。

该步进电机空载耗电在 50 mA 以下，带 64 倍减速器，输出力矩比较大，可以驱动重负载，极适合开发板使用。注意：此款步进电机带有 64 倍减速器，与不带减速器的步进电机相比，转速显得较慢，为方便观察，可在输出轴处贴上一片小纸板。

5.18.2 硬件电路

步进电机控制实验器件参考表 5.18.1。

表 5.18.1 步进电机控制实验器件列表

实验器件	数 量
Landzoduino 开发板	1 块
编程线	1 根
杜邦线	若干
面包板	1 块
步进电机驱动器	1 个
电位器	1 个
步进电机	1 个

步进电机控制实验接线图如图 5.18.3 所示。

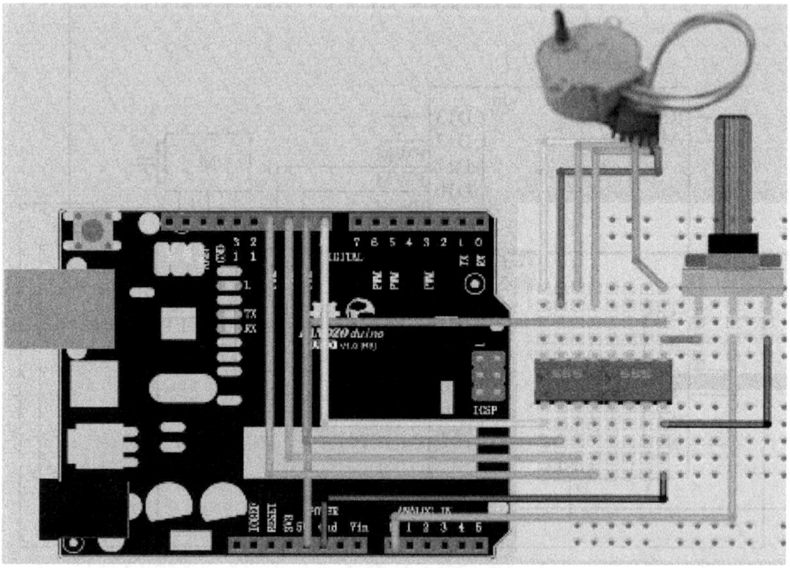

图 5.18.3　步进电机控制实验接线图

5.18.3　程序设计

程序代码如下：

```
/*************************************************************
步进电机控制实验程序
步进电机随着电位器转动而摆动
http://www.landzo.com/
This example code is in the public domain.
*************************************************************/

//使用 Arduino IDE 自带的 Stepper.h 库文件
#include <Stepper.h>

//设置步进电机旋转一圈的步数
#define STEPS 100

//设置步进电机的步数和引脚
Stepper stepper(STEPS,8,9,10,11);

//定义变量,用来存储历史读数
int previous = 0;
```

```
/*******************************************************
            初始化部分_setup()函数
*******************************************************/
void setup()
{
    //设置电机转速为90步/分
    stepper.setSpeed(90);
  }
/*******************************************************
            执行部分_loop()函数
*******************************************************/
void loop()
{
    //获取读数使用0号模拟口输入
    int val = analogRead(0);

    //移动步数为当前读数减去历史读数
    stepper.step(val - previous);

    //保存历史读数
    previous = val;
}
```

程序读入后，试着旋转电位器，观察电机转动角度有什么变化，如果电机来回转动则说明实验成功了。

5.18.4 实验操作

(1) 按照图5.18.3将电路连接到Landzoduino开发板上。

(2) 插上编程线，把程序下载到Landzoduino控制板上。

(3) 观察运行的情况。

5.18.5 实验结果

通过本实验，可以实现步进电机转动且随着电位器的变化而变化。在做实验前，要留意你用的步进电机是四相还是二相的，注意接口的对应。本实验的关键是调节脉冲的变化以控制电机的转动角度的变化。

5.19 火焰报警实验

5.19.1 实验原理

利用红外线对火焰非常敏感的特点，使用特制的红外线接收管来检测火焰，然后把火焰的亮度转化为高低变化的电平信号，输入到中央处理器，中央处理器根据信号的变化做出相应的程序处理。

火焰报警实验所需元器件：红外接收头、蜂鸣器、10 kΩ 电阻、面包板、若干跳线、Arduino 控制板，如图 5.19.1 所示。

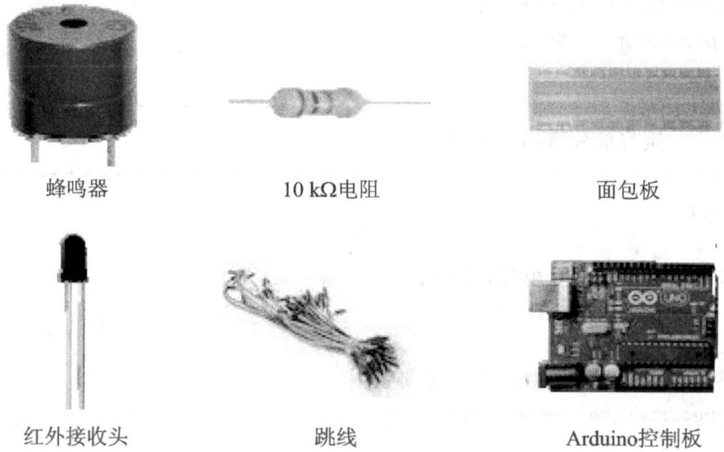

图 5.19.1　实验使用的元器件实物图

火焰报警实验电路原理图如图 5.19.2 所示。

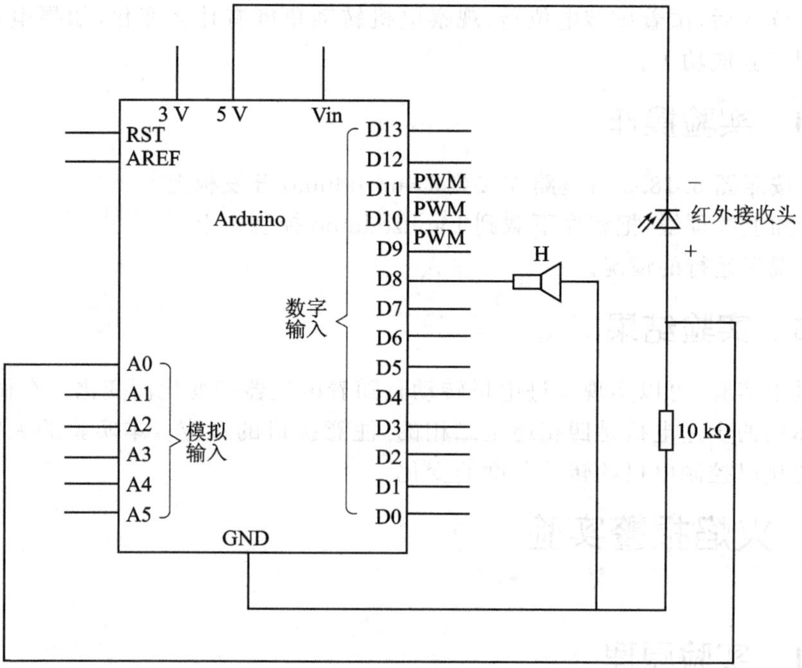

图 5.19.2　火焰报警实验电路原理图

5.19.2 硬件电路

火焰报警实验器件表参考表 5.19.1。

表 5.19.1 火焰报警实验器件列表

实验器件	数 量
Landzoduino 开发板	1 块
编程线	1 根
杜邦线	若干
面包板	1 块
10 kΩ 电阻	1 个
蜂鸣器	1 个
红外接收管	1 个

火焰报警实验接线图如图 5.19.3 所示。

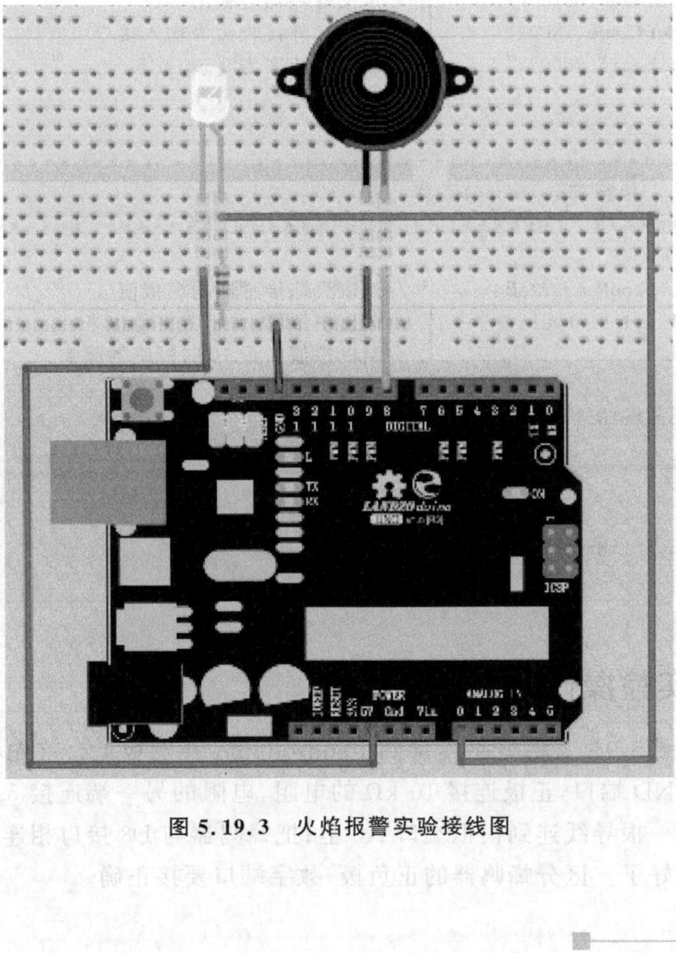

图 5.19.3 火焰报警实验接线图

5.19.3 程序设计

程序代码如下：

```
/***********************************************************
火焰报警实验程序
蜂鸣器随着光线强度变化而发声
http://www.landzo.com/
This example code is in the public domain.
***********************************************************/
int flame = A0;                    //定义火焰接口为模拟接口 A0
int Beep = 8;                      //定义蜂鸣器接口为数字接口 D8
int val = 0;                       //定义数字变量
/***********************************************************
            初始化部分_setup()函数
***********************************************************/
void setup()
{
    pinMode(Beep,OUTPUT);          //定义蜂鸣器为输出接口
    pinMode(flame,INPUT);          //定义红外接收头为输入接口
    Serial.begin(9600);            //设定波特率为 9 600 b/s
}

/***********************************************************
            执行部分_loop()函数
***********************************************************/
void loop() {
    val = analogRead(flame);       //读取火焰传感器的模拟值
    Serial.println(val);           //输出模拟值,并将其打印出来
    if(val> = 10)                  //当模拟值大于 10 时蜂鸣器鸣响
    {
        digitalWrite(Beep,HIGH);
    }
    else
    {
        digitalWrite(Beep,LOW);
    }
}
```

5.19.4 实验操作

(1) 按照图 5.19.3 将电路连接到 Landzoduino 开发板上。首先将红外接收管的负极接到 GND 端口，正极连接 10 kΩ 的电阻，电阻的另一端连接 5 V。在接收管与电阻之间接一根导线连到模拟端口 A0 上；把蜂鸣器与 D8 接口相连，另一端接地。这样电路就接好了。区分蜂鸣器的正负极，数字端口要接正确。

(2) 插上编程线,把程序下载到 Landzoduino 控制板上。

(3) 观察运行的情况。

5.19.5 实验结果

当有火焰靠近时,模拟口读出的电压就是变化的,所以在实验开始时可以先储存一个没有火焰时的模拟口的电压值。把模拟信号转化为高低变化的电平信号,引起蜂鸣器发声。

本实验其实就是光控声音的一个拓展,共同点是把光信号转化为高低变化的电平信号输出去。中间可能会遇到两个问题:一是将传感器本该接 A0 端口的却接到 A1 上,导致线路图与程序不相符,写入程序出现错误;另一点是没有区分蜂鸣器的正负极,导致实验没有反应。

5.20 液晶文字显示实验

利用液晶的物理特性,通过电压对其显示区域进行控制,有电就有显示,即可以显示出图形。液晶显示器具有厚度薄、适用于大规模集成电路直接驱动、易于实现全彩色显示的特点,目前已经被广泛应用在便携式电脑、数字摄像机、PDA 移动通信工具等领域。

5.20.1 实验原理

液晶文字显示实验所需元器件:1602 液晶、1 kΩ 电阻、若干跳线、面包板、Arduino控制板,如图 5.20.1 所示。

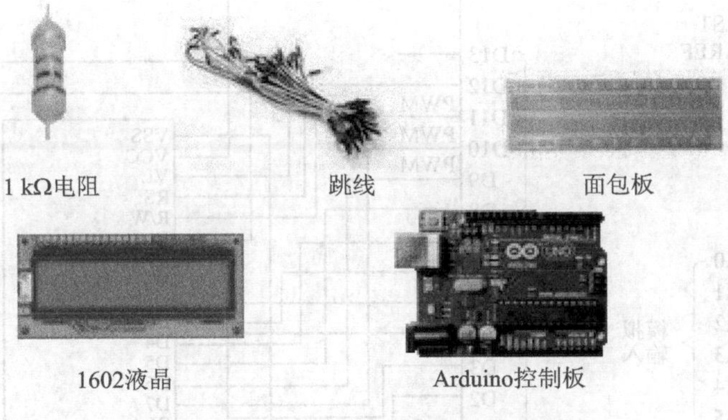

图 5.20.1 实验所需元器件实物图

液晶连接分八位连接和四位连接。本实验采用八位连接。

首先看一下 LCD1602 液晶模块的引脚(如图 5.20.2 所示),共有 16 个引脚,其接口说明如下:

(1) 两组电源。一组是模块的电源,一组是背光板的电源,一般均使用 5 V 供电。本次实验背光使用 3.3 V 供电也可以工作。

(2) VL 是调节对比度的引脚,串联不大于 5 kΩ 的电位器进行调节。本次实验使用 1 kΩ 的电阻来设定对比度。其连接分高电位与低电位接法,本次使用低电位接法,串联 1 kΩ 电阻后接 GND。

(3) RS 是很多液晶模块上都有的引脚,是命令/数据选择引脚。该引脚电平为高时,表示将进行数据操作;为低时,表示进行命令操作。

(4) R/W 是很多液晶模块上都有的引脚,是读/写选择引脚。该引脚电平为高时,表示对液晶进行读操作;为低时,表示要进行写操作。

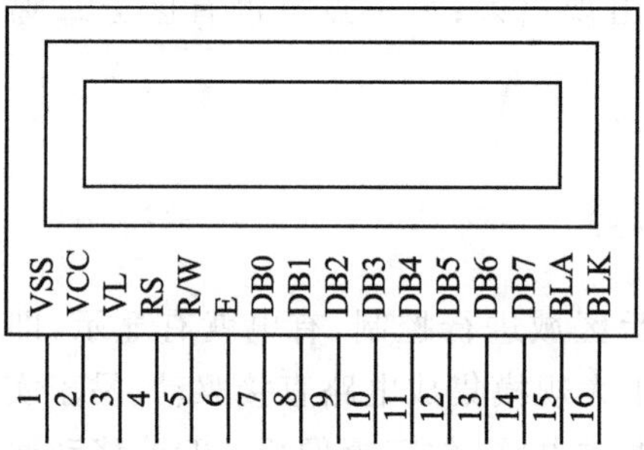

图 5.20.2　LCD1602 液晶引脚图

(5) E 在很多液晶模块上有此引脚,通常待总线上信号稳定后给一正脉冲,通知把数据读走,在此引脚为高电平的时候总线不允许变化。

(6) D0~D7 为 8 位双向并行总线,用来传送命令和数据。

(7) BLA 是背光源正极,BLK 是背光源负极。

图 5.20.3 所示为液晶文字显示实验电路原理图。

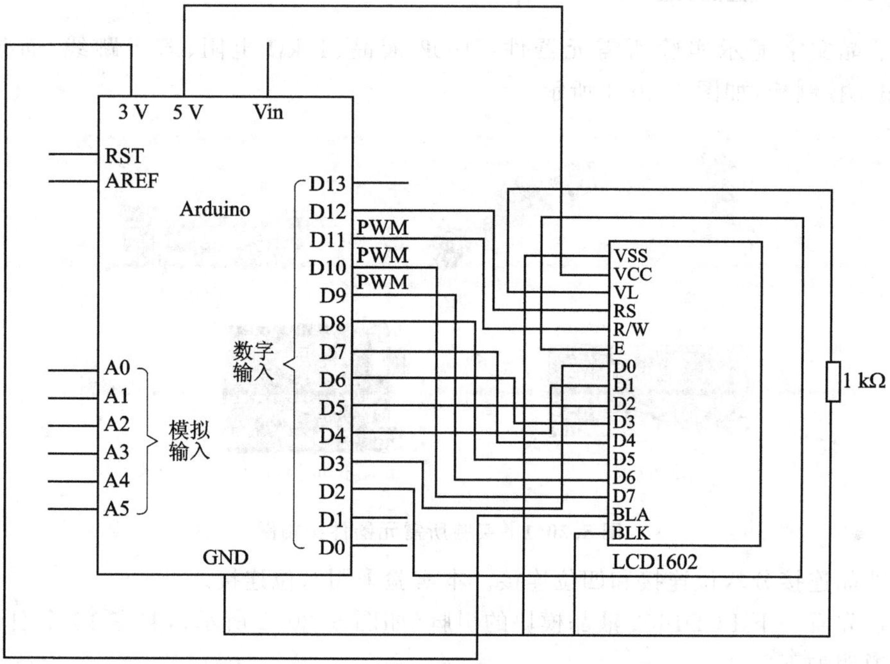

图 5.20.3　液晶文字显示实验电路原理图

5.20.2 硬件电路

液晶文字显示实验器件参考表 5.20.1。

表 5.20.1 液晶文字显示实验器件列表

实验器件	数 量	实验器件	数 量
Landzoduino 开发板	1 块	面包板	1 块
编程线	1 根	1 kΩ 电阻	1 个
杜邦线	若干	LCD1602 液晶	1 个

液晶文字显示实验接线图如图 5.20.4 所示。

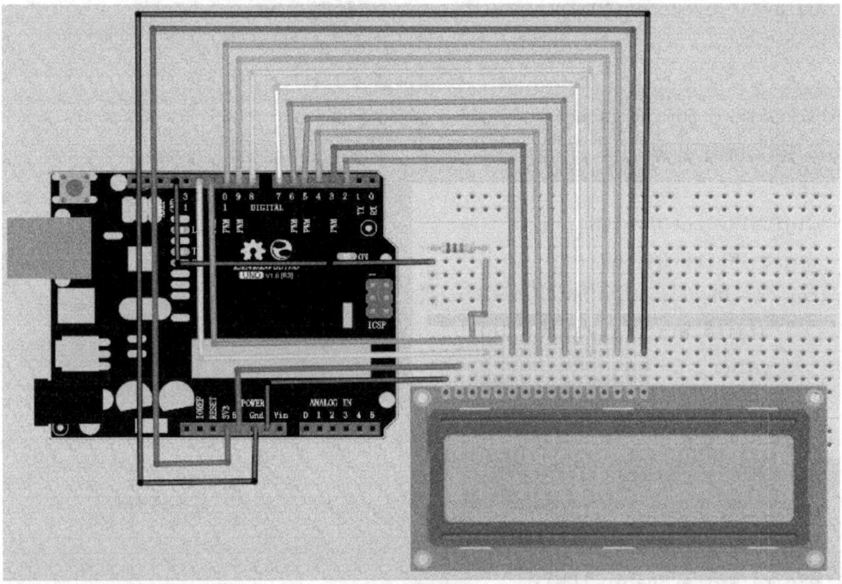

图 5.20.4 液晶文字显示实验接线图

5.20.3 程序设计

程序代码如下：

```
int DI = 12;
int RW = 11;
int DB[] = {3,4,5,6,7,8,9,10};                    //使用数组来定义总线需要的引脚
int Enable = 2;

void LcdCommandWrite(int value) {
    //定义所有引脚
```

```
    int i = 0;
    for (i = DB[0];i <= DI;i ++ )              //总线赋值
    {
        digitalWrite(i,value & 01);            //因为 LCD1602 液晶信号识别是 D7～D0
                                               //(不是 D0～D7),这里是用来反转信号的
        value >>= 1;
    }
    digitalWrite(Enable,LOW);
    delayMicroseconds(1);
    digitalWrite(Enable,HIGH);
    delayMicroseconds(1);                      //延时 1 ms
    digitalWrite(Enable,LOW);
    delayMicroseconds(1);                      //延时 1 ms
}

void LcdDataWrite(int value) {
    //定义所有引脚
    int i = 0;
    digitalWrite(DI,HIGH);
    digitalWrite(RW,LOW);
    for (i = DB[0];i <= DB[7];i ++ ) {
        digitalWrite(i,value & 01);
        value >>= 1;
    }
    digitalWrite(Enable,LOW);
    delayMicroseconds(1);
    digitalWrite(Enable,HIGH);
    delayMicroseconds(1);
    digitalWrite(Enable,LOW);
    delayMicroseconds(1);                      //延时 1 ms
}

void setup (void) {
    int i = 0;
    for (i = Enable;i <= DI;i ++ ) {
        pinMode(i,OUTPUT);
    }
    delay(100);
    //短暂停顿后初始化 LCD1602
    //用于 LCD1602 控制需要
    LcdCommandWrite(0x38);                     //设置为 8 位接口,2 行显示,5×7 文字大小
    delay(64);
```

```
    LcdCommandWrite(0x38);                    //设置为 8 位接口,2 行显示,5x7 文字大小
    delay(50);
    LcdCommandWrite(0x38);                    //设置为 8 位接口,2 行显示,5x7 文字大小
    delay(20);
    LcdCommandWrite(0x06);                    //输入方式设定
            //自动增量,没有显示移位
    delay(20);
    LcdCommandWrite(0x0E);                    //显示设置
            //开启显示屏,光标显示,无闪烁
    delay(20);
    LcdCommandWrite(0x01);                    //屏幕清空,光标位置归零
    delay(100);
    LcdCommandWrite(0x80);                    //显示设置
            //开启显示屏,光标显示,无闪烁
    delay(20);
}

void loop (void) {
    LcdCommandWrite(0x01);                    //屏幕清空,光标位置归零
    delay(10);
    LcdCommandWrite(0x80 + 3);
    delay(10);
    //写入欢迎信息
    LcdDataWrite('W');
    LcdDataWrite('e');
    LcdDataWrite('l');
    LcdDataWrite('c');
    LcdDataWrite('o');
    LcdDataWrite('m');
    LcdDataWrite('e');
    LcdDataWrite(' ');
    LcdDataWrite('t');
    LcdDataWrite('o');
    delay(10);
    LcdCommandWrite(0xc0 + 1);                //定义光标位置为第二行第二个位置
    delay(10);
    LcdDataWrite('w');
    LcdDataWrite('w');
    LcdDataWrite('w');
    LcdDataWrite('.');
    LcdDataWrite('l');
    LcdDataWrite('a');
```

```
LcdDataWrite('n');
LcdDataWrite('d');
LcdDataWrite('z');
LcdDataWrite('o');
LcdDataWrite('.');
LcdDataWrite('c');
LcdDataWrite('o');
LcdDataWrite('m');
delay(5000);
LcdCommandWrite(0x01);                    //屏幕清空,光标位置归零
delay(10);
LcdDataWrite('T');
LcdDataWrite('h');
LcdDataWrite('e');
LcdDataWrite(' ');
LcdDataWrite('p');
LcdDataWrite('r');
LcdDataWrite('o');
LcdDataWrite('G');
LcdDataWrite('r');
LcdDataWrite('o');
LcdDataWrite('m');
LcdDataWrite(' ');
LcdDataWrite('w');
LcdDataWrite('a');
LcdDataWrite('s');
delay(10);
LcdCommandWrite(0xc0 + 1);                //定义光标位置为第二行第二个位置
delay(10);
LcdDataWrite('w');
LcdDataWrite('r');
LcdDataWrite('i');
LcdDataWrite('t');
LcdDataWrite('e');
LcdDataWrite('d');
LcdDataWrite(' ');
LcdDataWrite('s');
LcdDataWrite('u');
LcdDataWrite('c');
LcdDataWrite('c');
LcdDataWrite('e');
LcdDataWrite('s');
```

```
LcdDataWrite('s');
delay(5000);
LcdCommandWrite(0x01);                    //屏幕清空,光标位置归零
delay(10);
LcdCommandWrite(0x80 + 3);
delay(10);
LcdDataWrite('E');
LcdDataWrite('n');
LcdDataWrite('G');
LcdDataWrite('i');
LcdDataWrite('n');
LcdDataWrite('e');
LcdDataWrite('e');
LcdDataWrite('r');
LcdDataWrite('\'');
LcdDataWrite('s');
delay(10);
LcdCommandWrite(0xc0 + 1);                //定义光标位置为第二行第二个位置
delay(10);
LcdDataWrite('n');
LcdDataWrite('a');
LcdDataWrite('m');
LcdDataWrite('e');
LcdDataWrite(' ');
LcdDataWrite('i');
LcdDataWrite('s');
LcdDataWrite(' ');
LcdDataWrite('W');
LcdDataWrite('A');
LcdDataWrite('N');
LcdDataWrite('G');
LcdDataWrite('B');
LcdDataWrite('O');
delay(5000);
LcdCommandWrite(0x01);                    //屏幕清空,光标位置归零
delay(10);
LcdDataWrite('W');
LcdDataWrite('e');
LcdDataWrite('l');
LcdDataWrite('c');
LcdDataWrite('o');
LcdDataWrite('m');
```

```
    LcdDataWrite('e');
    LcdDataWrite(' ');
    LcdDataWrite('t');
    LcdDataWrite('o');
    LcdDataWrite(' ');
    LcdDataWrite('a');
    LcdDataWrite('d');
    LcdDataWrite('d');
    delay(10);
    LcdCommandWrite(0xc0 + 1);                   //定义光标位置为第二行第二个位置
    delay(10);
    LcdDataWrite('m');
    LcdDataWrite('y');
    LcdDataWrite(' ');
    LcdDataWrite('Q');
    LcdDataWrite('Q');
    LcdDataWrite(':');
    LcdDataWrite('6');
    LcdDataWrite('7');
    LcdDataWrite('2');
    LcdDataWrite('4');
    LcdDataWrite('3');
    LcdDataWrite('6');
    LcdDataWrite('1');
    LcdDataWrite('9');
    LcdDataWrite('5');
    delay(5000);
}
```

5.20.4　实验操作

(1) 按照图 5.20.4 将电路连接到 Landzoduino 开发板上。

(2) 插上编程线,把程序下载到 Landzoduino 控制板上。

(3) 观察运行的情况。

5.20.5　实验结果

利用 LCD1602 液晶显示的实验有很多种,本实验只是其中一种。通过程序可以把字显示在屏幕上,说明液晶显示模块的功能很强大。如果在接线过程中把 BLA 和 BLK 接反了,最后没有响应,则可在程序写入的时候重复性地读入一段程序,经过排查即可消除故障。做完这个实验还是很有收获的!

5.21 PWM 亮度实验

5.21.1 实验原理

脉冲宽度调制(PWM)是一种对模拟信号电平进行数字编码的方法,由于计算机不能输出模拟电压,只能输出0 V或5 V的数字电压值,所以通过使用高分辨率计数器,利用方波的占空比被调制的方法来对一个具体模拟信号的电平进行编码。PWM信号仍然是数字的,因为在给定的任何时刻,满幅值的直流供电要么是5 V(ON),要么是0 V(OFF)。电压或电流源是以一种通(ON)或断(OFF)的重复脉冲序列被加到模拟负载上去的。通的时候即是直流供电被加到负载上的时候,断的时候即是供电被断开的时候。只要带宽足够,任何模拟值都可以使用PWM进行编码。输出的电压值是通过通和断的时间进行计算的。公式如下:

输出电压=(接通时间/脉冲时间)×最大电压

图5.21.1是电压和占空比的关系图。

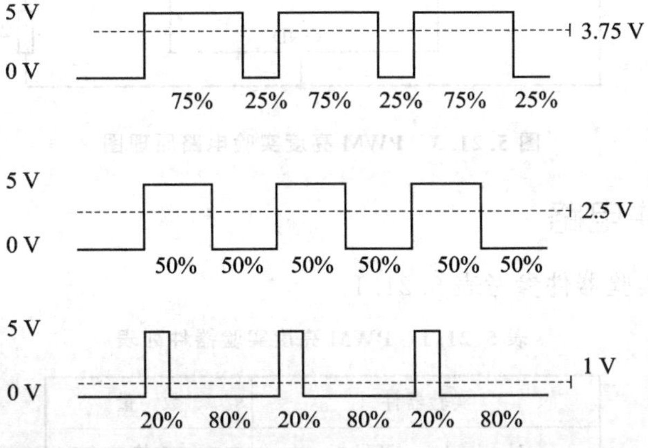

图5.21.1 电压和占空比关系图

PWM被用在许多地方,如调光灯具、电机调速、声音的制作等。下面介绍PWM的三个基本参数,图5.21.2是脉冲和周期的关系图。

(1) 脉冲宽度变化幅度(最小值/最大值);

(2) 脉冲周期(1 s内脉冲频率的倒数);

(3) 电压高度(例如:0~5 V)。

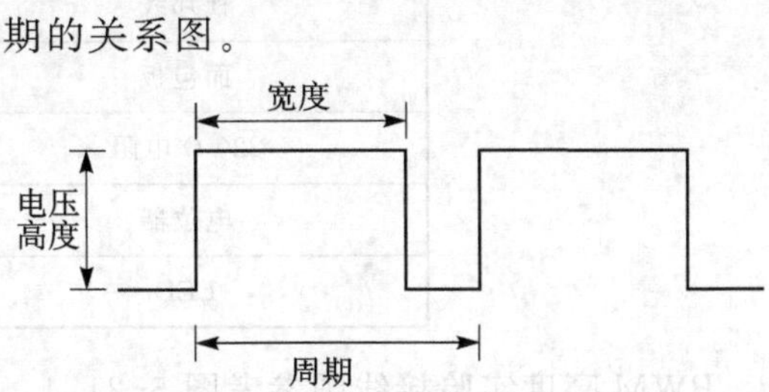

图5.21.2 脉冲和周期的关系图

Arduino控制板有6个PWM接口,分别是数字接口D3、D5、D6、D9、

D10、D11，可完成一个用电位计控制 LED 灯的实验。图 5.21.3 所示为 PWM 亮度实验电路原理图。

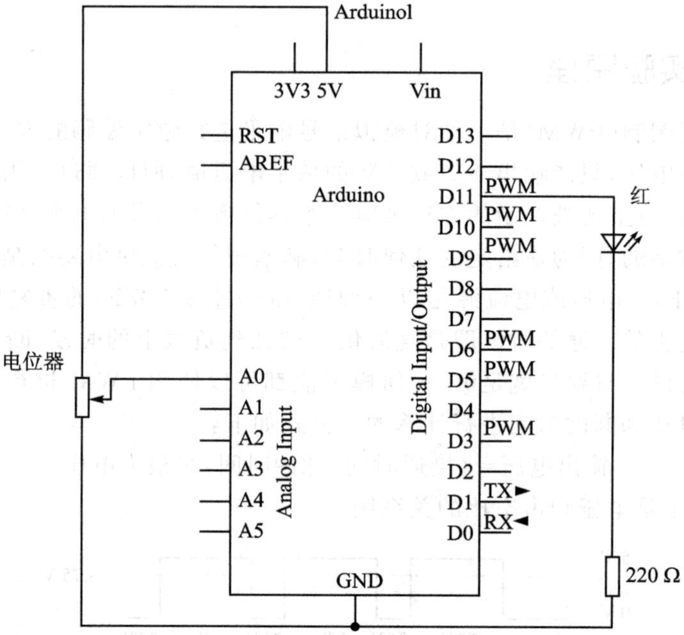

图 5.21.3　PWM 亮度实验电路原理图

5.21.2　硬件电路

PWM 亮度实验器件参考表 5.21.1。

表 5.21.1　PWM 亮度实验器件列表

实验器件	数　量
Landzoduino 开发板	1 块
编程线	1 根
杜邦线	若干
面包板	1 块
220 Ω 电阻	1 个
电位器	1 个
LED	1 个

PWM 亮度实验接线图参考图 5.21.4。

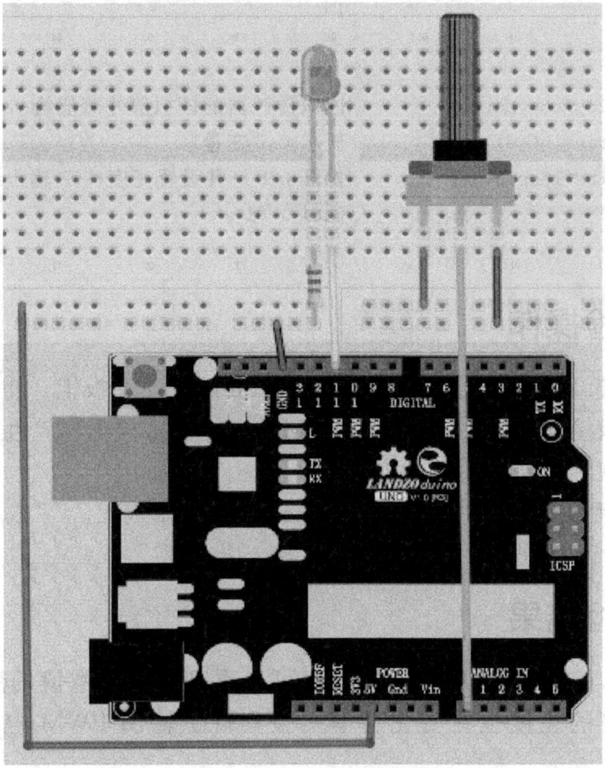

图 5.21.4 PWM 亮度实验接线图

5.21.3 程序设计

在编写程序的过程中会用到模拟写入函数 analogWrite(PWM 接口,模拟值)。模拟写入函数 analogWrite()的用法很简单,在本实验中读取电位器的模拟值信号并将其赋给 PWM 接口使 LED 灯产生相应的亮度变化,再在串口监视窗上显示读取的模拟值。大家可以理解为此程序是在模拟值读取的实验程序中多加了将模拟值赋给 PWM 接口这一部分。下面提供一段参考源程序。

程序代码如下:

```
int potpin = 0;                        //定义模拟接口 A0
int ledpin = 11;                       //定义数字接口 D11(PWM 输出)
int val = 0;                           //暂存来自传感器的变量数值
void setup()
{
    pinMode(ledpin,OUTPUT);            //定义数字接口 D11 为输出
    Serial.begin(9600);                //设置波特率为 9 600 b/s
    //注意:模拟接口自动设置为输入
```

```
}
void loop()
{
    val = analogRead(potpin);       //读取传感器的模拟值并赋值给 val
    Serial.println(val);            //显示 val 变量
    analogWrite(ledpin,val/4);      //打开 LED 灯并设置亮度(PWM 输出最大值 255)
    delay(10);                      //延时 0.01 s
}
```

5.21.4 实验操作

(1) 按照图 5.21.4 将电路连接到 Landzoduino 开发板上。电位器为模拟值输入,因此连到模拟接口。LED 灯连到 PWM 接口上,这样通过产生不同的 PWM 信号就可以让 LED 灯有亮度不同的变化。

(2) 插上编程线,把程序下载到 Landzoduino 控制板上。

(3) 观察运行的情况。

5.21.5 实验结果

下载完程序,旋转电位器的旋钮,不仅可以看到屏幕上数值的变化,还可以发现面包板上 LED 灯的亮度也在变化。本实验实现了输出 PWM 电压与输入同步的目的。

5.22 电压表实验

5.22.1 实验原理

用 Arduino 做 0~5 V 量程的电压表。本实验电路没有复杂的保护电路,所以,千万不要使用超过两节以上的 AA 电池,也不要用来测量锂电池或者其他电源。

5.22.2 硬件电路

电压表实验器件参考表 5.22.1。

表 5.22.1 电压表实验器件列表

实验器件	数 量	实验器件	数 量
Landzoduino 开发板	1 块	面包板	1 块
编程线	1 根	1 kΩ 电阻	1 个
杜邦线	若干		

电压表实验接线图参考图 5.22.1。

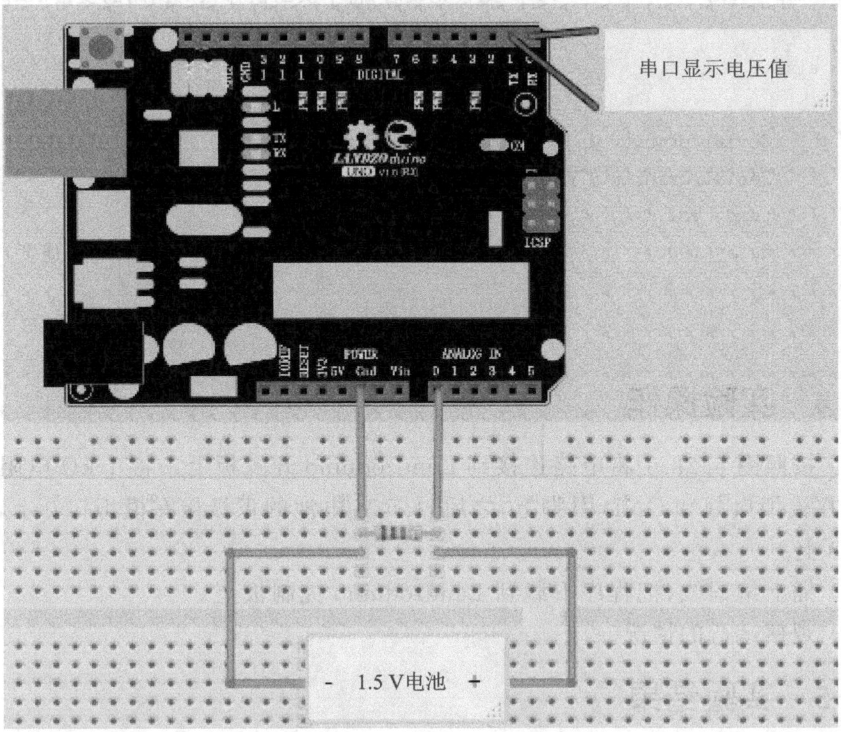

图 5.22.1　电压表实验接线图

5.22.3　程序设计

程序代码如下：

```
float temp;                          //创建一个浮点型变量 temp 作为存储空间,准备存放数据
void setup()
{
    Serial.begin(9600);              //使用 9600 的波特率进行串口通信
}
void loop()
{
    int V1 = analogRead(A0);
    //从 A0 口读取电压数据并存入刚刚创建的整型变量 V1,模拟口的电压测量范围为
    //0～5 V,返回值为 0～1024
    float vol = V1 * (5.0/1023.0);
    //将 V1 的值换算成实际电压值,存入浮点型变量 vol
    if (vol == temp)
    //这部分的判断是用来过滤重复的数据,只有当本次的电压值与上次不一样时才进行输出
```

```
    {
    temp = vol;                        //比较完成后,将本次的值存入对比用的变量 temp
    }
    else
    {
        Serial.print(vol);    //串口输出电压值,不换行
        Serial.println(" V"); //串口输出字符 V,换行
        temp = vol;
        delay(1000);          //输出完成后等待 1 s,用于控制数据的刷新速度
    }
}
```

5.22.4 实验操作

(1) 按照图 5.22.1 将电路连接到 Landzoduino 开发板上。将 1 kΩ 电阻的两端分别接在模拟口 0 和 GND 引脚上,之后,1.5 V 电池的正极接在模拟口 0 上,负极接在 GND 上。

(2) 插上编程线,把程序下载到 Landzoduino 控制板上。

(3) 观察运行的情况。

5.22.5 实验结果

打开串口监视器,如图 5.22.2 所示。

图 5.22.2　电压表实验现象图

用红色的线测量电池的正极，用黑色的线测量电池的负极，串口监视器里就会以 1 s 一次的速度刷新电压值，两次的电压值有波动是正常的。使用 1 kΩ 电阻的目的是在测量端悬空的情况下，将 GND 的基准电平引导到测量口，避免接口悬空受到干扰。

5.23 按键控制 LED 实验

5.23.1 实验原理

I/O 口即为 INPUT 接口和 OUTPUT 接口，到目前为止，所有设计的小灯实验都还只是应用到 Arduino 的 I/O 口的输出功能，本实验尝试使用 Arduino 的 I/O 口的输入功能——读取外接设备的输出值，用一个按键和一个 LED 灯完成一个输入/输出结合使用的实验，让大家能简单了解 I/O 的作用。按键开关属于开关量（数字量）元件，按下时为闭合（导通）状态。

图 5.23.1 所示为按键控制 LED 实验电路原理图。

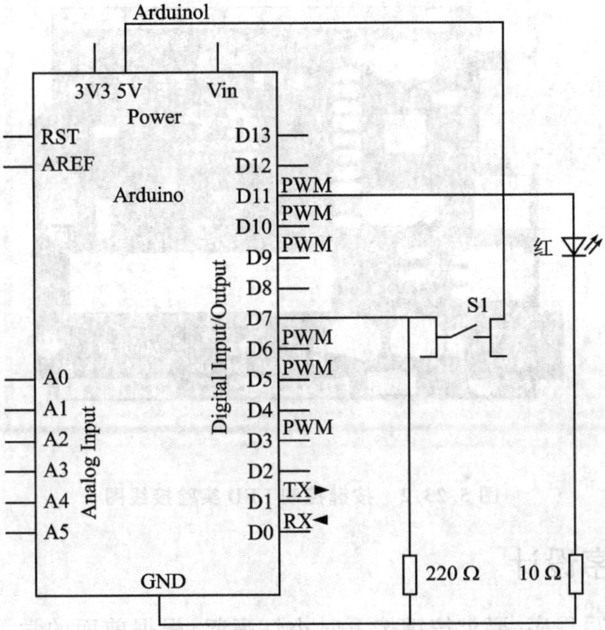

图 5.23.1 按键控制 LED 实验电路原理图

5.23.2 硬件电路

按键控制 LED 实验器件参考表 5.23.1。

表 5.23.1　实验电路器件表

实验器件	数　量	实验器件	数　量
Landzoduino 开发板	1 块	220 Ω 电阻	1 个
编程线	1 根	LED	1 个
杜邦线	若干	按键开关	1 个
面包板	1 块	10 kΩ 电阻	1 个

按键控制 LED 实验接线图参考图 5.23.2。

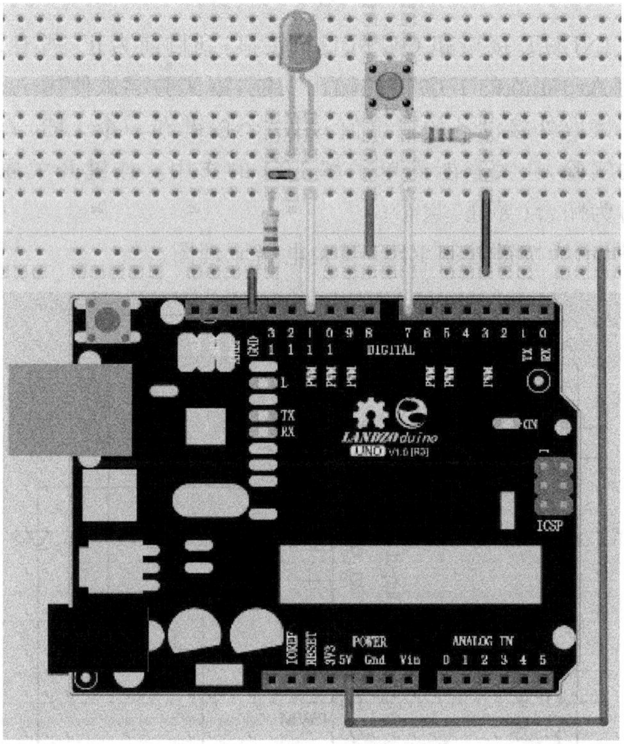

图 5.23.2　按键控制 LED 实验接线图

5.23.3　程序设计

下面开始编写程序，要求按键按下时小灯亮起，根据前面的学习，这个程序很容易就能编写出来。相对于前面几个实验，本实验的程序中多加了一条条件判断语句——if 语句，Arduino 的程序编写语句是基于 C 语言的，所以 C 的条件判断语句自然也适用于 Arduino，如 while、switch 等。笔者习惯于使用简单易于理解的 if 语句给大家做演示例程。

程序代码如下：

```
int ledpin = 11;                         //定义数字 11 接口
int inpin = 7;                           //定义数字 7 接口
int val;                                 //定义变量 val
void setup()
{
    pinMode(ledpin,OUTPUT);              //定义 LED 接口为输出接口
    pinMode(inpin,INPUT);                //定义按键接口为输入接口
}
void loop()
{
    val = digitalRead(inpin);            //读取数字 7 接口电平值赋给 val
    if(val == LOW)                       //检测按键是否按下,按键按下时 LED 灯亮起
    {
        digitalWrite(ledpin,LOW);
    }
    else
    {
        digitalWrite(ledpin,HIGH);
    }
}
```

分析电路可知,当按键按下时,数字接口 D7 可输出高电平,这时如果数字接口 D11 输出高电平,则 LED 灯亮;程序中判断数字接口 D7 是否为低电平,若 D7 为低电平则数字接口 D11 输出也为低电平,LED 灯不亮。

5.23.4　实验操作

(1) 按照图 5.23.2 将电路连接到 Landzoduino 开发板上。按键接到数字接口 D7,红色 LED 灯接到数字接口 D11(Arduino 控制器数字 I/O 接口 D0～D13 都可以用来接按键和小灯,但尽量不选择 D0 和 D1 接口。D0 和 D1 接口功能复用,除 I/O 口功能外也是串口通信接口,下载程序时能够与 PC 机通信,故应保持 D0 和 D1 接口悬空;为避免插拔线的麻烦,尽量不选用 D0 和 D1 接口)。

(2) 插上编程线,把程序下载到 Landzoduino 控制板上。

(3) 观察运行的情况。

5.23.5　实验结果

下载完程序,本次的 LED 灯配合按键的实验就完成了。本实验的原理很简单,广泛用于各种电路中,生活中很多设备上都能发现,例如手机,当按下任一按键时背光灯就会亮起,等待。

5.24 抢答器实验

5.24.1 实验原理

完成“按键控制 LED 实验”以后，相信很多人都可以独立完成本实验了。本实验就是将“按键控制 LED 实验”扩展成 3 个按键对应 3 个 LED 灯，占用 6 个数字 I/O 接口。原理就不多说了，同前一实验。

抢答器实验电路原理图如图 5.24.1 所示。

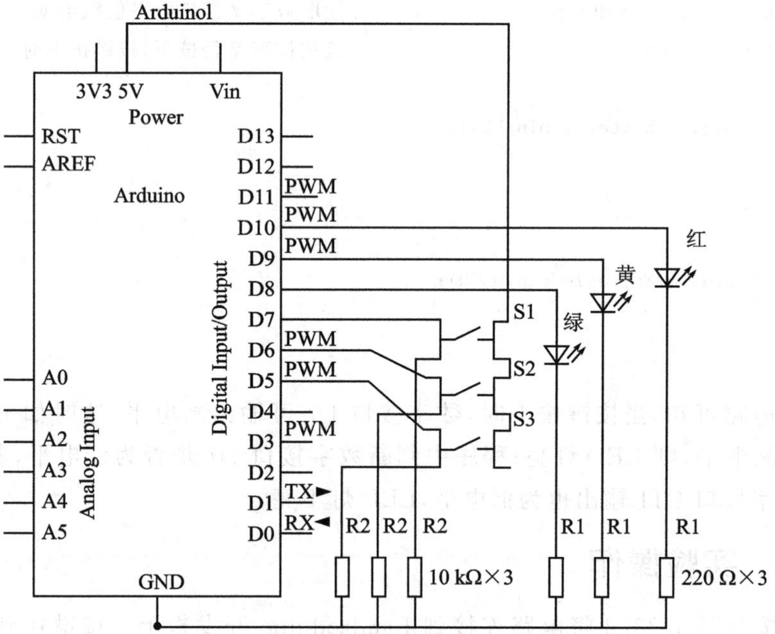

图 5.24.1 抢答器实验电路原理图

5.24.2 硬件电路

抢答器实验器件参考表 5.24.1。

表 5.24.1 抢答器实验电路器件列表

实验器件	数 量	实验器件	数 量
Landzoduino 开发板	1 块	220 Ω 电阻	3 个
编程线	1 根	LED	3 个
杜邦线	若干	按键开关	3 个
面包板	1 块	10 kΩ 电阻	3 个

抢答器实验接线图参考图 5.24.2。

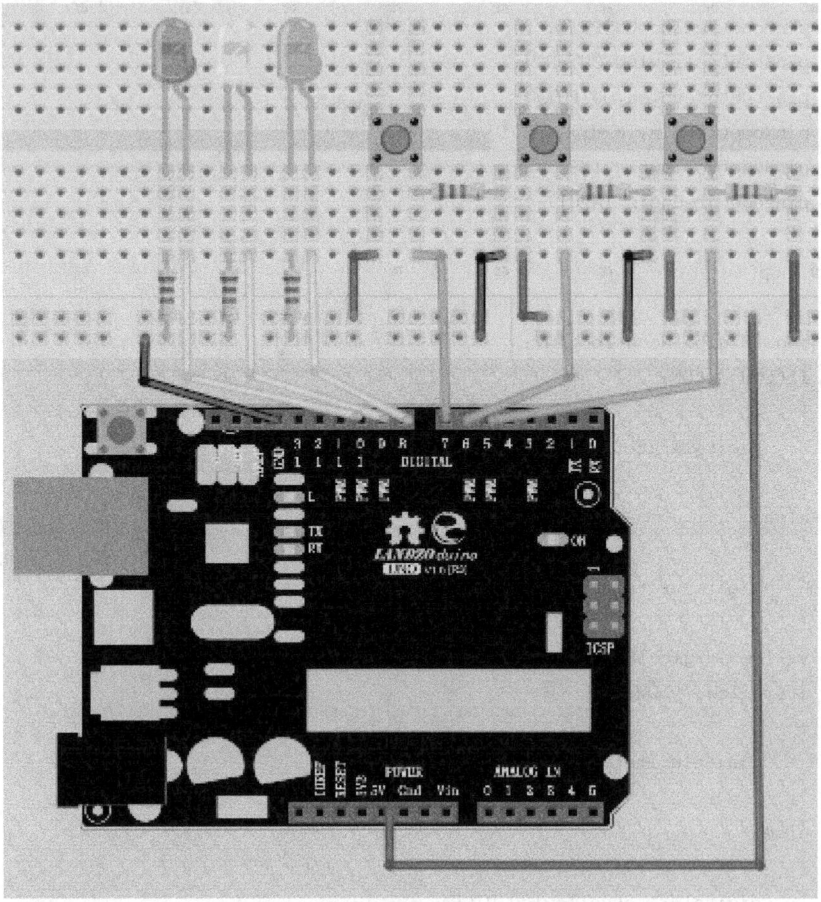

图 5.24.2 抢答器实验接线图

5.24.3 程序设计

程序代码如下：

```
int redled = 10;
int yellowled = 9;
int greenled = 8;
int redpin = 7;
int yellowpin = 6;
int greenpin = 5;
int red;
int yellow;
int green;
```

```
void setup()
{
    pinMode(redled,OUTPUT);
    pinMode(yellowled,OUTPUT);
    pinMode(greenled,OUTPUT);
    pinMode(redpin,INPUT);
    pinMode(yellowpin,INPUT);
    pinMode(greenpin,INPUT);
}
void loop()
{
    red = digitalRead(redpin);
    if(red == LOW)
    {
        digitalWrite(redled,LOW);
    }
    else
    {
        digitalWrite(redled,HIGH);
    }
    yellow = digitalRead(yellowpin);
    if(yellow == LOW)
    {
        digitalWrite(yellowled,LOW);
    }
    else
    {
        digitalWrite(yellowled,HIGH);
    }
    green = digitalRead(greenpin);
    if(green == LOW)
    {
        digitalWrite(greenled,LOW);
    }
    else
    {
        digitalWrite(greenled,HIGH);
    }
}
```

5.24.4 实验操作

(1) 按照图 5.24.2 将电路连接到 Landzoduino 开发板上。

(2) 插上编程线,把程序下载到 Landzoduino 控制板上。

(3) 观察运行的情况。

5.24.5 实验结果

此程序与前面程序除接口增多外并无异处,因此未做程序注解分析。下载完程序,自制的简易抢答器就完成了。

5.25 温馨水杯实验

本实验要用 Arduino 制作一个自动感应杯子的电路,首先是设计好电路,通过 LM35 温度传感器感应温度后,让不同颜色的 LED 显示,表示其温度。

5.25.1 实验原理

LM35 是模拟的温度传感器,因此在不同的温度下,信号引脚输出的电压是不同的,单片机通过采集电压的大小来体现温度,进而控制三个 LED 灯的亮暗。温度较高红灯亮,温度适中黄色亮,温度较低蓝灯亮。

温馨水杯实验电路原理图如图 5.25.1 所示。

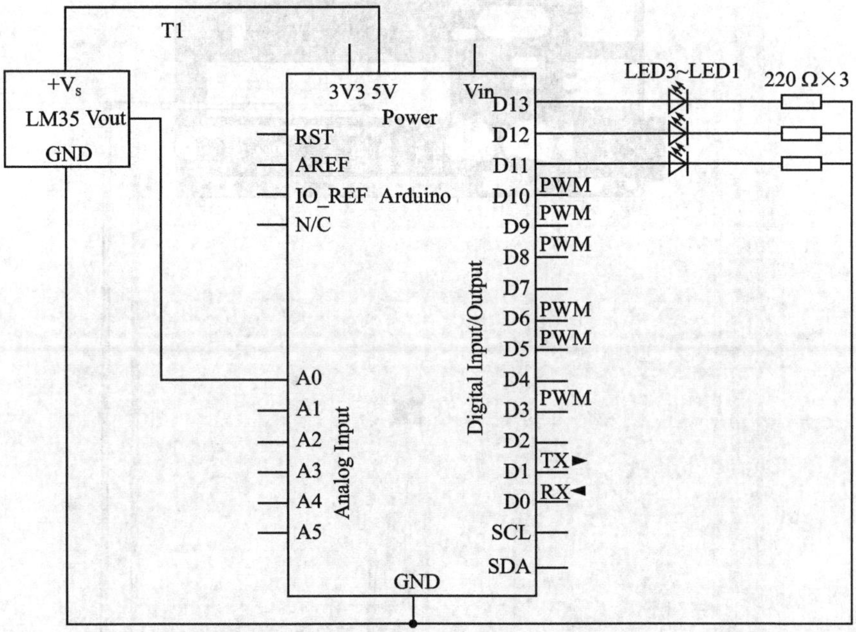

图 5.25.1 温馨水杯实验电路原理图

5.25.2 硬件电路

温馨水杯实验器件参考表 5.25.1。

表 5.25.1 温馨水杯实验器件列表

实验器件	数 量	实验器件	数 量
Landzoduino 开发板	1 块	220 Ω 电阻	3 个
编程线	1 根	LED	3 个
杜邦线	若干	LM35	1 个
面包板	1 块		

温馨水杯实验接线图参考图 5.25.2。

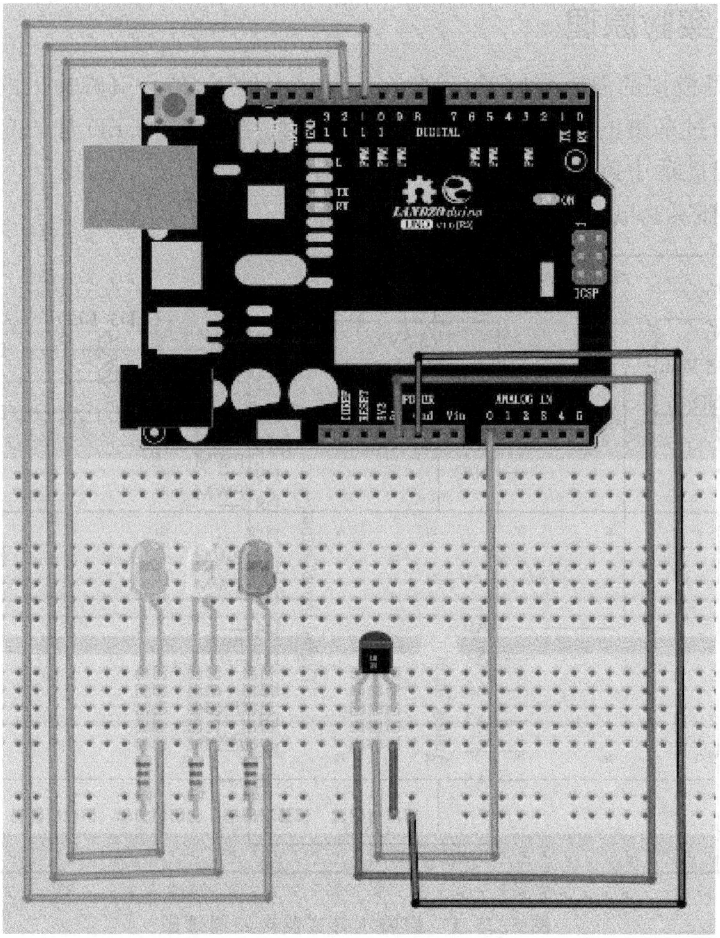

图 5.25.2 温馨水杯实验接线图

5.25.3 程序设计

程序代码如下：

```
void setup()
{
    pinMode(13,OUTPUT);
    pinMode(12,OUTPUT);
    pinMode(11,OUTPUT);
}
void loop()
{
    int vol = analogRead(A0) * (5.0/1023.0 * 100);//读取 LM35 温度值
    if (vol< = 31)                                //低温区的温度值设置以及 LED 显示
    {
        digitalWrite(13,HIGH);
        digitalWrite(12,LOW);
        digitalWrite(11,LOW);
    }
    else if (vol> = 32 && vol< = 40)
    {
        digitalWrite(13,LOW);
        digitalWrite(12,HIGH);
        digitalWrite(11,LOW);
    }
    else if (vol> = 41)                           //高温区的温度设置
    {
        digitalWrite(13,LOW);
        digitalWrite(12,LOW);
        digitalWrite(11,HIGH);
    }
}
```

5.25.4 实验操作

(1) 按照图 5.25.2 将电路连接到 Landzoduino 开发板上。

(2) 插上编程线，把程序下载到 Landzoduino 控制板上。

(3) 观察运行的情况。

5.25.5 实验结果

当温度高于 40 ℃时，红灯亮；当温度低于 32 ℃时，蓝灯亮；当温度高于 32 ℃并且低于 40 ℃时，黄灯亮。通过本实验我们成功地制作了温馨水杯。

5.26 倾斜开关实验

本实验所使用的倾斜开关是内部带有一个金属滚珠的倾斜开关，如图 5.26.1 所示。

图 5.26.1 SW－200D 倾斜开关

倾斜开关也叫碰珠开关、摇珠开关、钢珠开关、滚珠开关、倒顺开关、角度传感器。它主要是利用滚珠在开关内随不同倾斜角度的变化，达到触发电路的目的。目前，滚珠开关常用的型号有 SW－200D、SW－460、SW－300DA 等，本实验使用的是 SW－200D型号。这类开关不同于传统的水银开关，但功效同水银开关，只是没有水银开关的环保及安全等问题。

5.26.1 实验原理

倾斜开关的一端为金色探针，另一端为银色探针。金色一端为导通触发端，银色一端为开路端。当因为外力摇晃而使倾斜开关里面的滚珠跑到金色探针一端，或金色一端设置角度低于水平适当角度时，导电引脚电气特性会产生短时间导通或持续导通状态；当电气特性要恢复开路状态时，开关设置环境必须为静止，且银色一端设置角度需低于水平 10°。

当金色一端低于水平位置时，开关导通，模拟口电压值为 5 V 左右(数字二进制表示为 1023)，点亮 LED 灯。当银色一端低于水平位置斜时，开关截止，模拟口电压值为 0 V 左右(数字二进制表示为 0)，熄灭 LED 灯。由程序中模拟口电压值是否大于 2.5 V(数字二进制表示为 512)，即可知道倾斜开关是否导通了。

5.26.2 硬件电路

倾斜开关实验器件参考表 5.26.1。

表 5.26.1 倾斜开关实验器件列表

实验器件	数 量	实验器件	数 量
Landzoduino 开发板	1块	220 Ω 电阻	2个
编程线	1根	LED	1个
杜邦线	若干	倾斜开关	1个
面包板	1块		

倾斜开关实验接线图参考图 5.26.2。

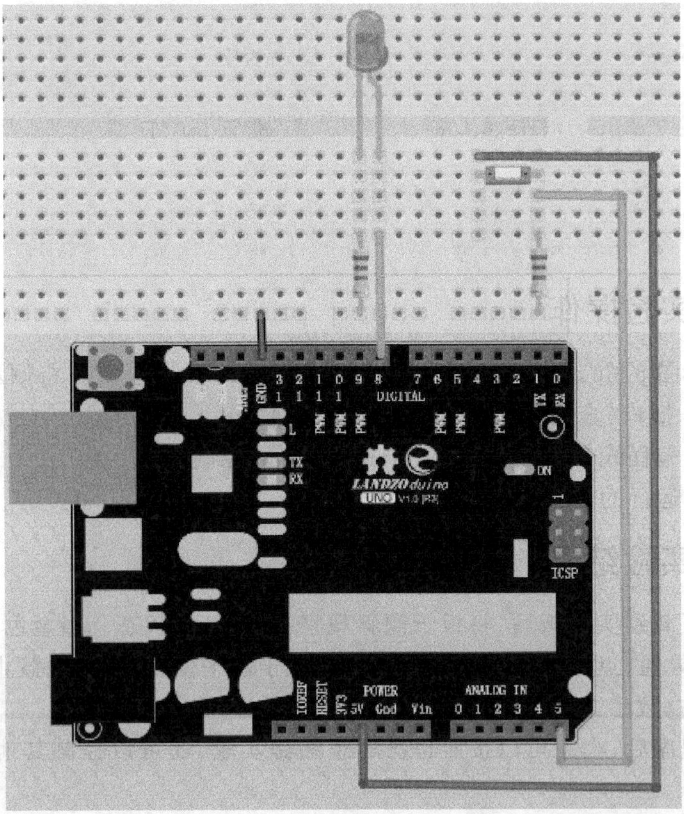

图 5.26.2 倾斜开关实验接线图

5.26.3 程序设计

程序代码如下：

```
void setup()
{
    pinMode(8,OUTPUT);                    //设置数字引脚 D8 为输出模式
```

```
}
void loop()
{
    int i;                                  //定义变量 i
    while(1)
    {
        i = analogRead(5);                  //读取模拟接口 A5 电压值
        if(i>200)                           //如果大于 512(2.5 V)
        {
            digitalWrite(8,HIGH);           //点亮 LED 灯
        }
        else                                //否则
        {
            digitalWrite(8,LOW);            //熄灭 LED 灯
        }
    }
}
```

5.26.4 实验操作

(1) 按照图 5.26.2 将电路连接到 Landzoduino 开发板上。将倾斜开关银色一端连接到 5 V 插口，金色一端连接到模拟接口 A5 上。

(2) 插上编程线，把程序下载到 Landzoduino 控制板上。

(3) 观察运行的情况。

5.26.5 实验结果

将程序下载到实验板后，将板子倾斜观察 LED 灯的状态。当金色一端低于水平位置时，开关导通，点亮 LED 灯；当银色一端低于水平位置时，开关截止，模拟口电压值为 0 V 左右(数字二进制表示为 0)，熄灭 LED 灯。

掌握本程序后，大家可以按照自己的想法做实验，还可以控制其他器件，例如蜂鸣器等。

5.27 遥控灯实验

5.27.1 实验原理

红外遥控器发出的信号是一连串的二进制脉冲码。为了使其在无线传输过程中免受其他红外信号的干扰，通常都是先将其调制在特定的载波频率上，然后再经红外发射二极管发射出去，而红外线接收装置则要滤除其他杂波，只接收该特定频率的信

号并将其还原成二进制脉冲码，也就是解调。

内置接收管将红外发射管发射出来的光信号转换为微弱的电信号，此信号经由IC内部放大器放大，然后通过自动增益控制、带通滤波、解调信号、波形整形后，还原为遥控器发射出的原始编码，经由接收头的信号输出引脚输入到电器上的编码识别电路。

要想对某一遥控器进行解码，就必须了解该遥控器的编码方式。本实验遥控器的编码方式为 NEC 协议。下面就介绍 NEC 协议。

NEC 协议的特点：

(1) 8 位地址位，8 位命令位；

(2) 为了增强可靠性，地址位和命令位被传输两次；

(3) 脉冲位置调制；

(4) 载波频率为 38 kHz；

(5) 每一位的时间为 1.125 ms 或 2.25 ms。

逻辑 0 和 1 的定义如图 5.27.1 所示。

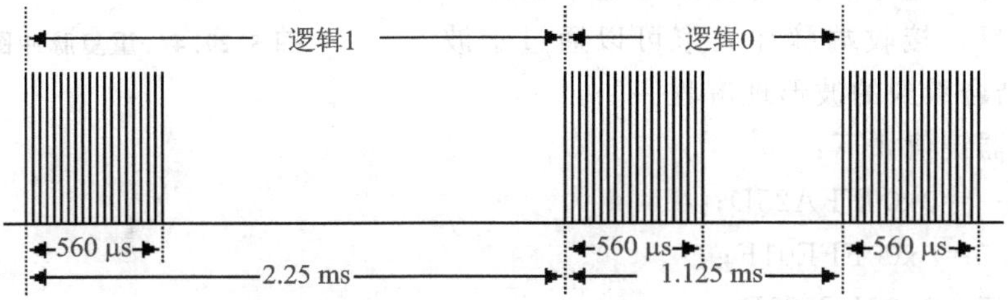

图 5.27.1 逻辑 0 和 1 的定义图

按键按下立刻松开的发射脉冲如图 5.27.2 所示。

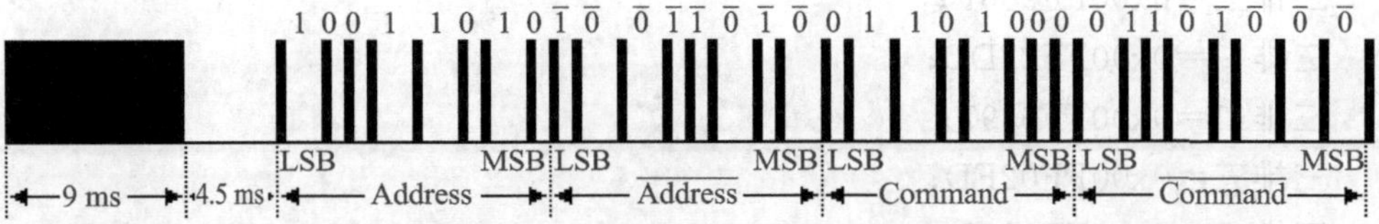

图 5.27.2 按键按下立刻松开的发射脉冲图

图 5.27.2 显示了 NEC 协议典型的脉冲序列(注意，这是首先发送 LSB(最低位)的协议)。脉冲传输的地址为 0x59，命令为 0x16。一个消息是由一个 9 ms 的高电平开始，随后有一个 4.5 ms 的低电平(这两段电平组成引导码)，然后是地址码和命令码。地址和命令传输两次。第二次所有位都取反，可用于对所接收到的消息进行确认。总传输时间是恒定的，因为每一点与它取反长度重复。如果不感兴趣，可忽略这个可靠性取反，采用扩大地址和命令。

按键按下一段时间才松开的发射脉冲，如图 5.27.3 所示。

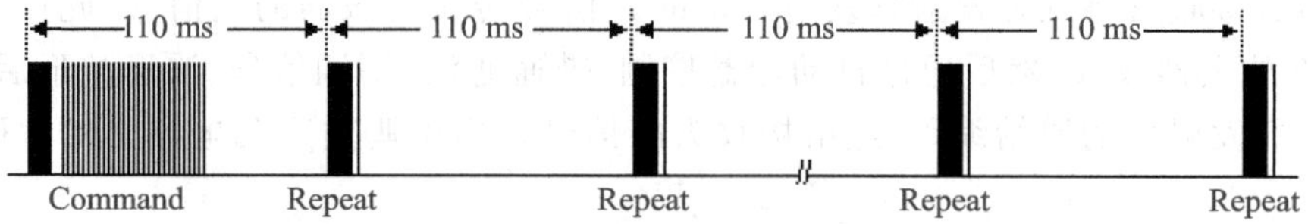

图 5.27.3 按键按下一段时间才松开的发射脉冲图

一个命令发送一次，即使在遥控器上的按键仍然按下。当按键一直按下时，第一个 110 ms 的脉冲与图 5.27.3 一样，之后每 110 ms 重复将代码传输一次。这个重复代码是由 9 ms 的高电平、2.25 ms 的低电平和 560 μs 高电平组成的。

重复脉冲如图 5.27.4 所示。

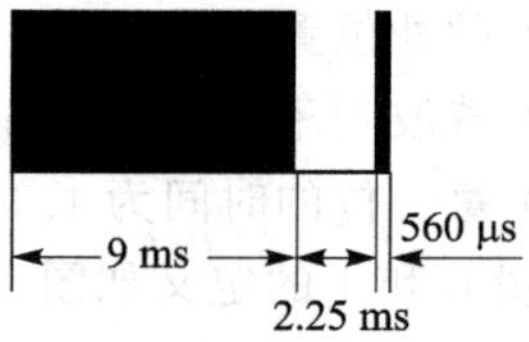

图 5.27.4 重复脉冲图

脉冲波形进入一体化接收头以后，因为一体化接收头里要解码、信号放大和整形，故要注意，在没有红外信号时，其输出端为高电平，有信号时为低电平。其输出信号电平正好和发射端相反。接收端脉冲大家可以通过示波器看到，结合看到的波形理解程序。

遥控器键值如下：

一排一＝0x00FFA25D；

一排二＝0x00FFE01F；

一排三＝0x00FF629D；

二排一＝0x00FFA857；

二排二＝0x00FFE21D；

二排三＝0x00FF906F；

三排一＝0x00FF22DD；

三排二＝0x00FF6897；

三排三＝0x00FF02FD；

四排一＝0x00FF9867；

四排二＝0x00FFC23D；

四排三＝0x00FFB047。

5.27.2 硬件电路

遥控灯实验器件参考表 5.27.1。

表 5.27.1 遥控灯实验器件列表

实验器件	数 量	实验器件	数 量
Landzoduino 开发板	1 块	220 Ω 电阻	7 个
编程线	1 根	LED	6 个
杜邦线	若干	红外遥控器	1 个
面包板	1 块	红外接收头	1 个

遥控灯实验接线图参考图 5.27.5。

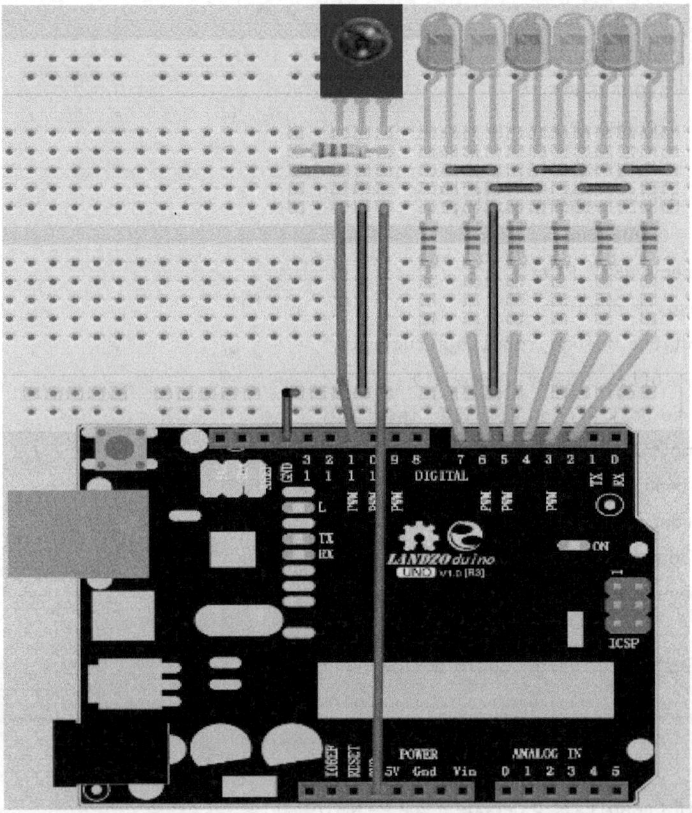

图 5.27.5 遥控灯实验接线图

5.27.3 程序设计

程序代码如下：

```
#include <IRremote.h>
int RECV_PIN = 11;
int LED1 = 2;
```

```
int LED2 = 3;
int LED3 = 4;
int LED4 = 5;
int LED5 = 6;
int LED6 = 7;
long on1 = 0x00FFA25D;
long off1 = 0x00FFE01F;
long on2 = 0x00FF629D;
long off2 = 0x00FFA857;
long on3 = 0x00FFE21D;
long off3 = 0x00FF906F;
long on4 = 0x00FF22DD;
long off4 = 0x00FF6897;
long on5 = 0x00FF02FD;
long off5 = 0x00FF9867;
long on6 = 0x00FFC23D;
long off6 = 0x00FFB047;
IRrecv irrecv(RECV_PIN);
decode_results results;
//Dumps out the decode_results structure.
//Call this after IRrecv::decode()
//void * to work around compiler issue
//void dump(void * v) {
//decode_results * results = (decode_results * )v
void dump(decode_results * results) {
    int count = results->rawlen;
    if (results->decode_type == UNKNOWN)
    {
        Serial.println("Could not decode message");
    }
    else
    {
        if (results->decode_type == NEC)
        {
            Serial.print("Decoded NEC: ");
        }
        else if (results->decode_type == SONY)
        {
            Serial.print("Decoded SONY: ");
        }
        else if (results->decode_type == RC5)
        {
```

```
            Serial.print("Decoded RC5: ");
        }
        else if (results->decode_type == RC6)
        {
            Serial.print("Decoded RC6: ");
        }
        Serial.print(results->value,HEX);
        Serial.print(" (");
        Serial.print(results->bits,DEC);
        Serial.println(" bits)");
    }
    Serial.print("Raw (");
    Serial.print(count,DEC);
    Serial.print("): ");

    for (int i = 0;i < count;i++)
    {
        if ((i % 2) == 1) {
            Serial.print(results->rawbuf[i] * USECPERTICK,DEC);
        }
        else
        {
            Serial.print(-(int)results->rawbuf[i] * USECPERTICK,DEC);
        }
    Serial.print(" ");
    }
Serial.println("");
}

void setup()
{
    pinMode(RECV_PIN,INPUT);
    pinMode(LED1,OUTPUT);
    pinMode(LED2,OUTPUT);
    pinMode(LED3,OUTPUT);
    pinMode(LED4,OUTPUT);
    pinMode(LED5,OUTPUT);
    pinMode(LED6,OUTPUT);
    pinMode(13,OUTPUT);
    Serial.begin(9600);

    irrecv.enableIRIn();//Start the receiver
```

```
}

int on = 0;
unsigned long last = millis();

void loop()
{
    if (irrecv.decode(&results))
    {
        //If it's been at least 1/4 second since the last
        //IR received,toggle the relay
        if (millis() - last > 250)
        {
            on = ! on;
            //digitalWrite(8,on ? HIGH : LOW);
            digitalWrite(13,on ? HIGH : LOW);
            dump(&results);
        }
        if (results.value == on1 )
            digitalWrite(LED1,HIGH);
        if (results.value == off1 )
            digitalWrite(LED1,LOW);
        if (results.value == on2 )
            digitalWrite(LED2,HIGH);
        if (results.value == off2 )
            digitalWrite(LED2,LOW);
        if (results.value == on3 )
            digitalWrite(LED3,HIGH);
        if (results.value == off3 )
            digitalWrite(LED3,LOW);
        if (results.value == on4 )
            digitalWrite(LED4,HIGH);
        if (results.value == off4 )
            digitalWrite(LED4,LOW);
        if (results.value == on5 )
            digitalWrite(LED5,HIGH);
        if (results.value == off5 )
            digitalWrite(LED5,LOW);
        if (results.value == on6 )
            digitalWrite(LED6,HIGH);
        if (results.value == off6 )
            digitalWrite(LED6,LOW);
```

```
        last = millis();
        irrecv.resume();//Receive the next value
    }
}
```

5.27.4 实验操作

(1) 按照图 5.27.5 将电路连接到 Landzoduino 开发板上。GND 接到实验板上的 GND，VCC 接到实验板上的 +3.3 V。将 VOUT 接到数字引脚 11，将各发光二极管通过电阻接到数字引脚 D2、D3、D4、D5、D6、D7。红外接收头如图 5.27.6 所示。

图 5.27.6 红外接收头实物图

(2) 插上编程线，把程序下载到 Landzoduino 控制板上。

(3) 观察运行的情况。

5.27.5 实验结果

对遥控器发射出来的编码脉冲进行解码，根据解码结果执行相应的动作。这样就可以用遥控器控制指示灯了。

5.28 DHT11 数字温湿度传感器实验

5.28.1 实验原理

DHT11 数字温湿度传感器(图 5.28.1)是一款含有已校准数字信号输出的温湿度复合传感器。它应用专用的数字模块采集技术和温湿度传感技术，确保产品具有极高的可靠性与卓越的长期稳定性。该传感器包括一个电阻式感湿元件和一个 NTC 测温元件，并与一个高性能 8 位单片机相连接。因此，该产品具有品质卓越、超快响应、抗干扰能力强、性价比极高等优点。

每个 DHT11 传感器都在极为精确的湿度校验室中进行校准。校准系数以程序的形式储存在 OTP 内存中，传感器内部在检测信号的处理过程中要调用这些校准系数。单线制串行接口，使系统集成变得简易快捷。超小的体积、极低的功耗，信号传输距离可达 20 m 以上，使其成为各类应用，甚至最为苛刻的应用场合的最佳选择。DHT11 数字温湿度传感器模块为 3 针 PH2.0 封装，连接方便。

DHT11 数字温湿度传感器性能描述：

➢ 供电电压为 3～5.5 V；

图 5.28.1 DHT11 数字温湿度传感器实物图

- 供电电流最大为 2.5 mA；
- 温度范围为 0～50 ℃，误差±2 ℃；
- 湿度范围为 20%～90%RH，误差±5%RH；
- 响应时间为 1/e(63%) 6～30 s；
- 测量分辨率，分别为 8 位(温度)、8 位(湿度)；
- 采样周期间隔不得低于 1 s；
- 模块尺寸为 30 mm×20 mm。

DATA 用于微处理器与 DHT11 之间的通信和同步，采用单总线数据格式，一次通信时间 4 ms 左右，数据分小数部分和整数部分。当前小数部分用于以后扩展，现读出为零。操作流程如下：一次完整的数据传输为 40 位，高位先出。

数据格式：

8 位湿度整数数据＋8 位湿度小数数据＋8 位温度整数数据＋8 位温度小数数据＋8 位校验和

数据传送正确时，校验和数据等于“8 位湿度整数数据＋8 位湿度小数数据＋8 位温度整数数据＋8 位温度小数数据”所得结果的末 8 位。用户 MCU 发送一次开始信号后，DHT11 从低功耗模式转换到高速模式，等待主机开始信号结束后，DHT11 发送响应信号，送出 40 位的数据，并触发一次信号采集。用户可选择读取部分数据。从模式下，DHT11 接收到开始信号则触发一次温湿度采集。如果没有接收到主机发送开始信号，DHT11 则不会主动进行温湿度采集。采集数据后转换到低速模式。

5.28.2 硬件电路

DHT11 数字温湿度传感器实验器件参考表 5.28.1。

表 5.28.1 DHT11 数字温湿度传感器实验器件列表

实验器件	数 量	实验器件	数 量
Landzoduino 开发板	1 块	面包板	1 块
编程线	1 根	DTH11	1 个
杜邦线	若干		

DHT11 数字温湿度传感器实验接线图参考图 5.28.2。

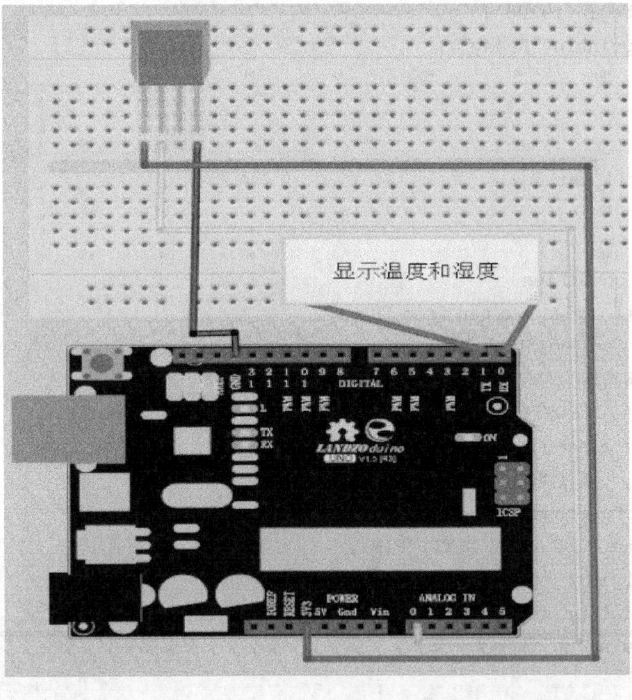

图 5.28.2 DHT11 数字温湿度传感器实验接线图

5.28.3 程序设计

程序代码如下：

```
#define DHT11_PIN 0                          //ADC0 接到模拟口 0
byte read_dht11_dat()
{
    byte i = 0;
    byte result = 0;
```

```
    for(i = 0;i< 8;i++){
        while(! (PINC & _BV(DHT11_PIN)));      //wait for 50 μs
        delayMicroseconds(30);
        if(PINC & _BV(DHT11_PIN))
        result |= (1<<(7 - i));
        while((PINC & _BV(DHT11_PIN)));       //wait '1' finish
    }
    return result;
}
void setup()
{
    DDRC |= _BV(DHT11_PIN);
    PORTC |= _BV(DHT11_PIN);
    Serial.begin(19200);
    Serial.println("Ready");
}
void loop()
{
    byte dht11_dat[5];
    byte dht11_in;
    byte i;
    //start condition
    //1. pull - down i/o pin from 18 ms
    PORTC &= ~_BV(DHT11_PIN);
    delay(18);
    PORTC |= _BV(DHT11_PIN);
    delayMicroseconds(40);
    DDRC &= ~_BV(DHT11_PIN);
    delayMicroseconds(40);
    dht11_in = PINC & _BV(DHT11_PIN);
    if(dht11_in){
        Serial.println("dht11 start condition 1 not met");
        return;
    }
    delayMicroseconds(80);
    dht11_in = PINC & _BV(DHT11_PIN);
    if(! dht11_in){
        Serial.println("dht11 start condition 2 not met");
        return;
    }
    delayMicroseconds(80);
    //now ready for data reception
    for (i = 0;i<5;i++)
    dht11_dat[i] = read_dht11_dat();
    DDRC |= _BV(DHT11_PIN);
```

```
    PORTC | = _BV(DHT11_PIN);
    byte dht11_check_sum = dht11_dat[0] + dht11_dat[1] + dht11_dat[2] + dht11_dat[3];
    //check check_sum
    if(dht11_dat[4]! = dht11_check_sum)
    {
        Serial.println("DHT11 checksum error");
    }
    Serial.print("Current humdity = ");
    Serial.print(dht11_dat[0],DEC);
    Serial.print(".");
    Serial.print(dht11_dat[1],DEC);
    Serial.print(" % ");
    Serial.print("temperature = ");
    Serial.print(dht11_dat[2],DEC);
    Serial.print(".");
    Serial.print(dht11_dat[3],DEC);
    Serial.println("C ");
    delay(2000);
}
```

5.28.4 实验操作

(1) 按照图 5.28.2 将电路连接到 Landzoduino 开发板上。将 DHT11 模块接到 Arduino 传感器扩展板的模拟口 0。

(2) 插上编程线,把程序下载到 Landzoduino 控制板上。

(3) 观察运行的情况。

5.28.5 实验结果

编译代码后下载到 Arduino 中,打开串口助手即可看见实际测量的温度与湿度。

5.29 红外编码实验

5.29.1 实验原理

红外发射二极管的型号无所谓,常见的是 3 mm 和 5 mm,但接收管不是全部好用的。部分已知红外接收型号有 HS0038B(4.5～5.5 V)、PC838(2.5～5.5 V)、IRM_3638。有的红外接收集成了三极管,那么就不需要为了增加功率额外再接一个三极管。图 5.29.1 所示为红外编码时钟图。

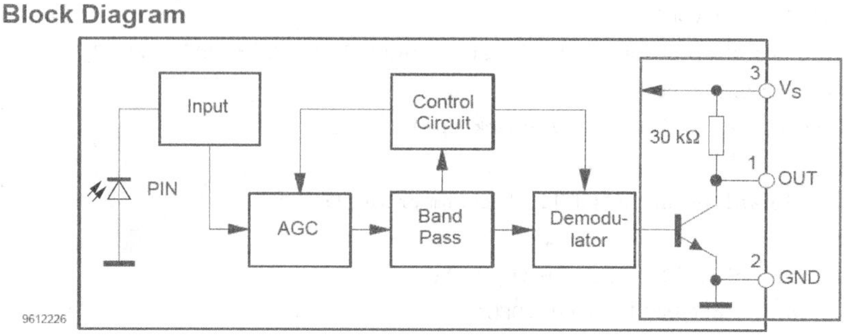

图 5.29.1 红外编码时钟图

5.29.2 硬件电路

红外编码实验器件参考表 5.29.1。

表 5.29.1 红外编码实验器件列表

实验器件	数 量	实验器件	数 量
Landzoduino 开发板	1 块	面包板	1 块
编程线	1 根	1 kΩ 电阻	1 个
杜邦线	若干	红外接收头	1 个

红外编码实验接线图参考图 5.29.2。

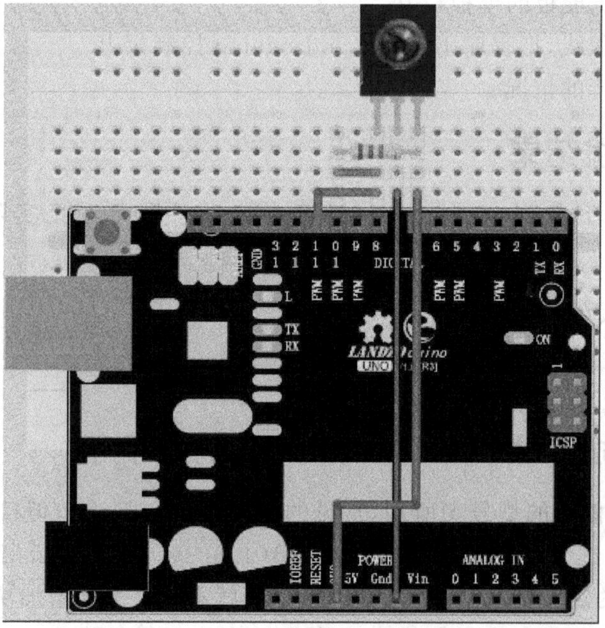

图 5.29.2 红外编码实验接线图

5.29.3 程序设计

程序代码如下：

```
#include <IRremote.h>

int RECV_PIN = 11;                                  //定义红外接收器的引脚为 11
IRrecv irrecv(RECV_PIN);
decode_results results;

void setup()
{
    Serial.begin(9600);
    irrecv.enableIRIn();                            //初始化红外接收器
}

void loop() {
    if (irrecv.decode(&results)) {
        Serial.println(results.value,HEX);          //以十六进制换行输出接收代码
        Serial.println();                           //为了便于观看,输出结果增加一个
                                                    //空行
        irrecv.resume();                            //接收下一个值
    }
}
```

5.29.4 实验操作

(1) 按照图 5.29.2 将电路连接到 Landzoduino 开发板上。将红外接收头接到 Arduino 传感器扩展板的数字口 11。

(2) 插上编程线,把程序下载到 Landzoduino 控制板上。

(3) 观察运行的情况。

5.29.5 实验结果

打开 AccessPort 串口助手软件并启用监控,手持电视遥控器,依序按键,记录红外编码。图 5.29.3 所示为串口打印编码。

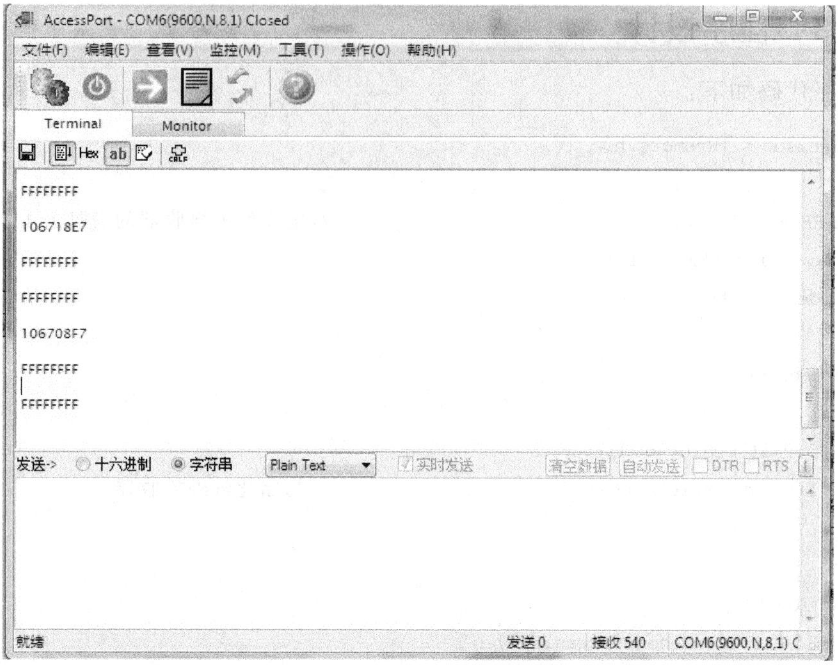

图 5.29.3　串口打印编码

5.30　霍尔传感器实验

5.30.1　实验原理

首先科普一下，当一块通有电流的金属或半导体薄片垂直地放在磁场中时，薄片的两端就会产生电位差，这种现象就称为霍尔效应。霍尔开关则是利用霍尔效应的一种传感器，它可以很方便地把磁信号转换成电信号，具有很高的可靠性和灵敏度。图 5.30.1所示为霍尔传感器实物图。

图 5.30.1　霍尔传感器实物图

霍尔传感器就是应用一种电磁效应，当磁性越大时，电压就越大，这样就可以应用传感器了。

5.30.2 硬件电路

霍尔传感器实验器件参考表 5.30.1。

表 5.30.1 霍尔传感器实验器件列表

实验器件	数 量	实验器件	数 量
Landzoduino 开发板	1 块	220 Ω 电阻	1 个
编程线	1 根	LED	1 个
杜邦线	若干	霍尔传感器	1 个
面包板	1 块		

霍尔传感器实验接线图参考图 5.30.2。

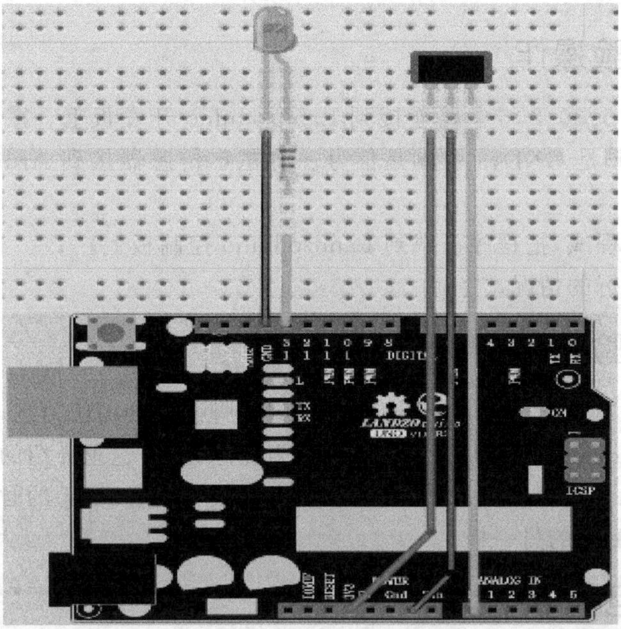

图 5.30.2 霍尔传感器实验接线图

5.30.3 程序设计

使用最简单的数字输入函数 digitalRead()进行读取就可以了。程序代码如下：

```
int ledPin = 13;
int switchPin = 19;
int value = 0;

voidsetup() {
```

```
    pinMode(switchPin,INPUT);
    pinMode(ledPin,OUTPUT);
    Serial.begin(9600);
}

voidloop() {
    value = digitalRead(switchPin);
    if (HIGH == value) {
        digitalWrite(ledPin,HIGH);
    } else {
        digitalWrite(ledPin,LOW);
    }
}
```

5.30.4 实验操作

(1) 按照图 5.30.2 将电路连接到 Landzoduino 开发板上。霍尔传感器的 1 引脚是 VCC,2 引脚是 GND,3 引脚是信号。将霍尔传感器接到 Arduino 传感器扩展板的模拟口 0。

(2) 插上编程线,把程序下载到 Landzoduino 控制板上。

(3) 观察运行的情况。

5.30.5 实验结果

当霍尔开关靠近磁铁时,从 Arduino 相应引脚读出来的值为高,而当霍尔开关远离磁铁时,从 Arduino 相应引脚读出来的值为低。另外,这里介绍的霍尔开关模块属于单极性霍尔元件,所以只对磁铁的南极或者北极有响应,实验的时候如果发现不响应,可以试着换磁铁的另一极。

5.31 继电器实验

学习继电器的工作特点,以及如何使用 Arduino 控制继电器,是本实验的目的。

5.31.1 实验原理

继电器是一种电子控制器件。它具有控制系统(又称输入回路)和被控制系统(又称输出回路),通常应用于自动控制电路中,实际上是一种“自动开关”。因此,在电路中起着自动调节、安全保护、转换电路等作用。

继电器的内部结构如图 5.31.1 所示。

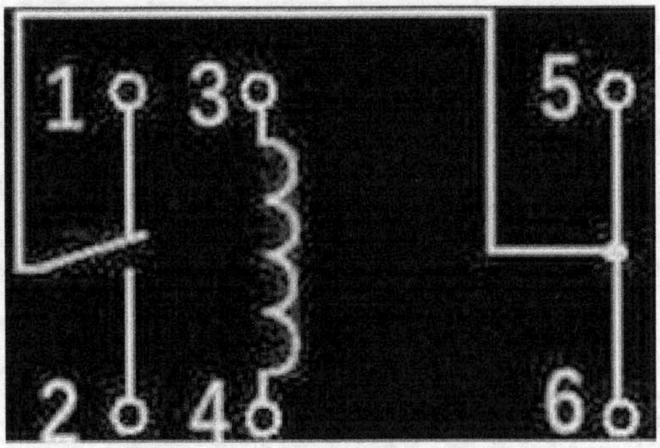

图 5.31.1 继电器内部结构

下面介绍一种用万用表检测继电器各个引脚的方法。

一般,继电器的外壳有标注,如果没有,自己用万用表测也很简单：准备 5 V 电源、万用表。步骤如下：

(1) 找出线圈引脚。用万用表测各引脚间的电阻,阻值为数百 Ω 至 1 kΩ 的两个引脚是线圈引脚。注意,有些继电器的线圈分正负极,反接虽然不至于损坏,但不动作。

(2) 找出常开点与常闭点。用万用表测除线圈之外的四个引脚,导通的两个引脚是常闭关系。给线圈加上 5 V 直流电,使继电器动作,它们应断开,如果没有断开,则内部是短接关系。给线圈加上 5 V 直流电,使继电器动作,然而再用万用表测,如果原来不通的两个引脚导通了,则它们是常开关系。既与常开点有关系,又与常闭点有关系的引脚,就是公共端。

5.31.2 硬件电路

继电器实验器件参考表 5.31.1。

表 5.31.1 继电器实验器件列表

实验器件	数 量	实验器件	数 量
Landzoduino 开发板	1 块	按键	1 个
编程线	1 根	LED	1 个
杜邦线	若干	电机	1 个
面包板	1 块	继电器	1 个
220 Ω 电阻	2 个		

继电器实验接线图参考图 5.31.2。

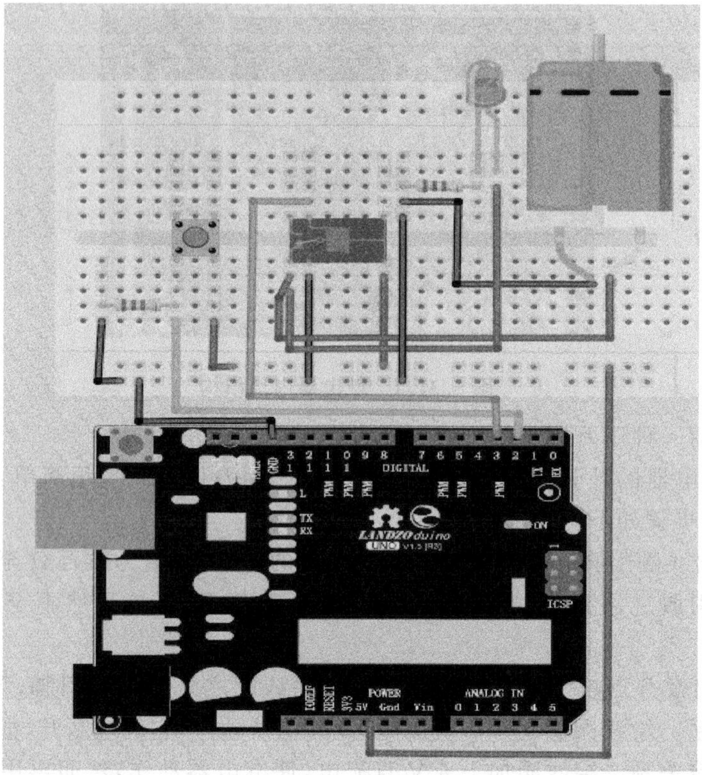

图 5.31.2 继电器实验接线图

5.31.3 程序设计

程序代码如下：

```
int jdqPin = 13;                        //定义数字检测接口
void setup() {
    pinMode(jdqPin,OUTPUT);             //设定数字接口 13、12、11 为输入接口
    Serial.begin(9600);                 //设置串口波特率为 9 600 b/s
}
void loop() {
    digitalWrite(jdqPin,HIGH);delay(1000);
    digitalWrite(jdqPin,LOW);delay(1000);
}
```

5.31.4 实验操作

(1) 按照图 5.31.2 将电路连接到 Landzoduino 开发板上。

(2) 插上编程线，把程序下载到 Landzoduino 控制板上。

（3）观察运行的情况。

5.31.5 实验结果

当继电器闭合的时候电机是工作的，LED 指示灯是亮的；当继电器断开的时候电机是不工作的，LED 指示灯是灭的。通过本实验，更好地了解了继电器的原理和内容。

5.32 点亮 RGB LED 实验

5.32.1 实验原理

本实验介绍如何用 Arduino 控制共阳 RGB(红绿蓝)LED，如何使用 Arduino 中的 analogWrite 功能控制 RGB LED。图 5.32.1 是一个直径为 1 cm 的 RGB LED。

图 5.32.1 RGB LED 实物图

RGB LED 看起来就像普通的 LED，但是，和一般 LED 不同的是，在 RGB LED 封装内有三个 LED：一个红色的，一个绿色的，一个蓝色的。通过控制各个 LED 的亮度，可以混合出几乎任何想要的颜色。共阳 RGB LED 共有 4 个引脚，常见的正极是第二引脚，也是最长的那个引线。该引脚被连接到+5 V，其余的每个 LED 需要串联 220 Ω 的电阻，以防止大电流流过烧毁管子。三个正引脚的 LED(一个红色、一个绿色以及一个蓝色)连接到电阻然后连接到 Arduino 的 PWM 输出引脚，这里用的是 D9、D10、D11 引脚。

5.32.2 硬件电路

点亮 RGB LED 实验器件参考表 5.32.1。

表 5.32.1 点亮 RGB LED 实验器件列表

实验器件	数 量	实验器件	数 量
Landzoduino 开发板	1 块	面包板	1 块
编程线	1 根	220 Ω 电阻	3 个
杜邦线	若干	RGB 灯	1 个

点亮 RGB LED 实验接线图参考图 5.32.2。

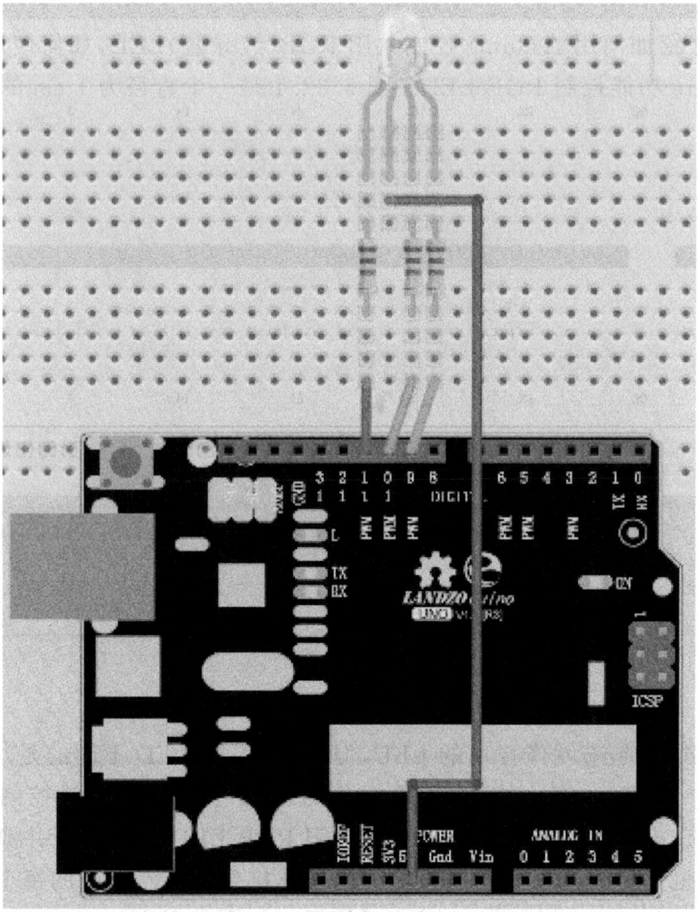

图 5.32.2 点亮 RGB LED 实验接线图

5.32.3 程序设计

下面的程序代码为红、绿、蓝、黄、紫、浅绿色 LED 灯的循环。

```
int redPin = 11;
int greenPin = 10;
int bluePin = 9;

void setup()
{
    pinMode(redPin,OUTPUT);
    pinMode(greenPin,OUTPUT);
    pinMode(bluePin,OUTPUT);
}

void loop()
{
    setColor(255,0,0);                  //红色
    delay(1000);
    setColor(0,255,0);                  //绿色
    delay(1000);
    setColor(0,0,255);                  //蓝色
    delay(1000);
    setColor(255,255,0);                //黄色
    delay(1000);
    setColor(80,0,80);                  //紫色
    delay(1000);
    setColor(0,255,255);                //浅绿色
    delay(1000);
}
void setColor(int red,int green,int blue)
{
    analogWrite(redPin,255 - red);
    analogWrite(greenPin,255 - green);
    analogWrite(bluePin,255 - blue);
}
```

5.32.4 实验操作

(1) 按照图 5.32.2 将电路连接到 Landzoduino 开发板上。

(2) 插上编程线，把程序下载到 Landzoduino 控制板上。

(3) 观察运行的情况。

5.32.5 实验结果

程序下载好后，就可以看到颜色的依次循环变化。如果熟悉网页编程，你可能会意识到，颜色通常由十六进制数表示。例如，红色的编号为 #FF0000。第一组 2 位数字表示红色成分的颜色，接下来的两组数字分别是绿色部分和蓝色部分。红色用十六进制数 #FF0000 表示，因为是纯红色(FF 是十六进制的 255)，它没有绿色或蓝色的部分。这是非常有用的，可以直接输入色码，通过 RGB LED 显示出来。

我们可以尝试浅绿颜色(#32B16C)，可以插入 setColor()函数：

```
setColor(0x32,0xB1,0x6C)          //浅绿
```

不要忘了在 setColor()函数后面加上延时函数，这样就可以显示所需要的颜色了。

5.33 数字骰子实验

投骰子是一种随机的概率事件，从 1 到 6 的数字简单又复杂。那么我们能不能用电子器件实现骰子的功能呢？答案是肯定的。

前几次做了数码管实验和按键控制 LED 的实验，通过实验大家已经学会了两种器件的基本用法。这次使用数码管与按键组合，做一个简易数字骰子。数字骰子的基本原理是：数码管快速在 1～8 之间循环跳动，当按下按键时，数码管定格在当前的数字上，不再跳动。

5.33.1 实验原理

按发光二极管单元连接方式可分为共阳极数码管和共阴极数码管。共阳极数码管是指将所有发光二极管的阳极接到一起形成公共阳极(COM)数码管(图 5.33.1)。共阳极数码管在应用时应将公共端接到正极上，当某一字段发光二极管的阴极为低电平时，相应字段就点亮；当某一字段的发光二极管阴极为高电平时，相应字段就不亮。

共阳极数码管的引脚图如图 5.33.2 所示。

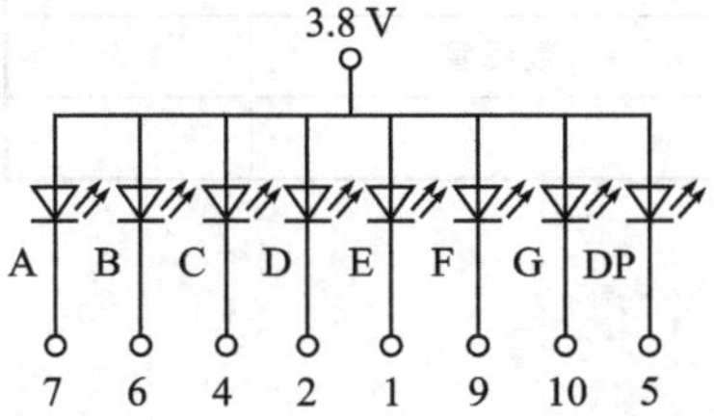

图 5.33.1 共阳极数码管内部结构

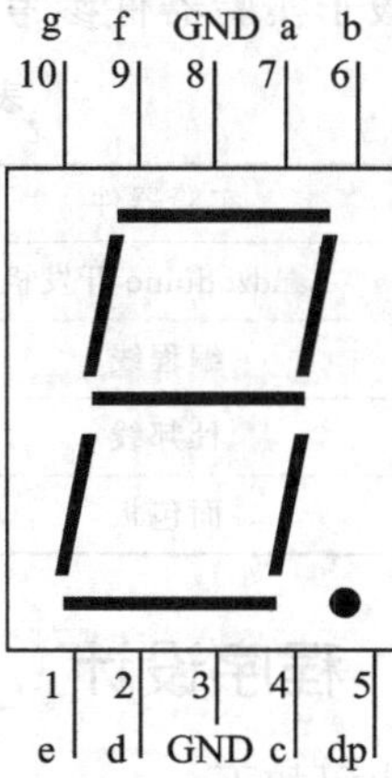

图5.33.2 共阳极数码管引脚图

5.33.2 硬件电路

数字骰子实验接线图参考图 5.33.3。

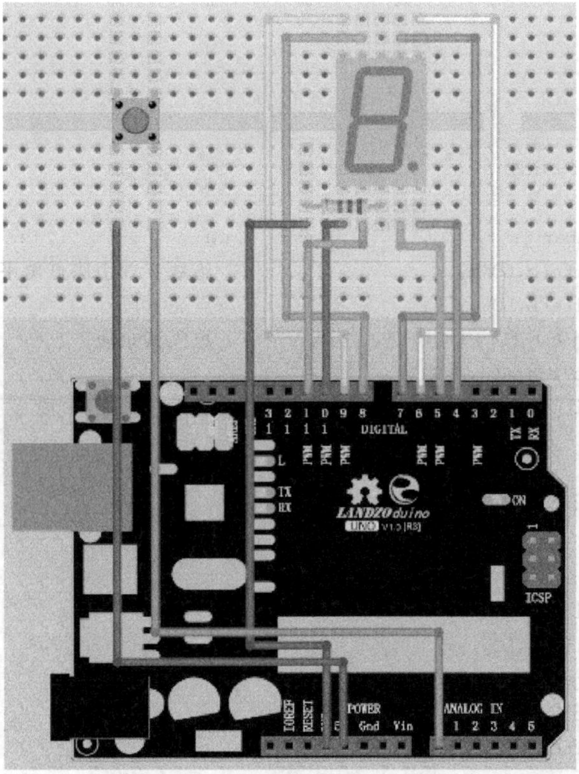

图 5.33.3 数字骰子实验接线图

数字骰子实验器件参考表 5.33.1。

表 5.33.1　数字骰子实验器件列表

实验器件	数　量	实验器件	数　量
Landzoduino 开发板	1 块	220 Ω 电阻	1 个
编程线	1 根	按键	1 个
杜邦线	若干	数码管	1 个
面包板	1 块		

5.33.3　程序设计

程序代码如下：

```
int a = 7;
int b = 6;
int c = 5;
int d = 11;
int e = 10;
int f = 8;
int g = 9;
int dp = 4;

//显示数字 1
void digital_1(void)
{
    unsigned char j;
    digitalWrite(c,LOW);                    //给数字 5 引脚低电平,点亮 c 段
    digitalWrite(b,LOW);                    //点亮 b 段
    for(j = 7;j< = 11;j ++ )                //熄灭其余段
        digitalWrite(j,HIGH);
    digitalWrite(dp,HIGH);                  //熄灭小数点 DP 段
}
//显示数字 2
void digital_2(void)
{
    unsigned char j;
    digitalWrite(b,LOW);
    digitalWrite(a,LOW);
    for(j = 9;j< = 11;j ++ )
        digitalWrite(j,LOW);
    digitalWrite(dp,HIGH);
    digitalWrite(c,HIGH);
    digitalWrite(f,HIGH);
```

```
}
//显示数字 3
void digital_3(void)
{
    unsigned char j;
    digitalWrite(g,LOW);
    digitalWrite(d,LOW);
    for(j = 5;j< = 7;j ++ )
        digitalWrite(j,LOW);
    digitalWrite(dp,HIGH);
    digitalWrite(f,HIGH);
    digitalWrite(e,HIGH);
}
//显示数字 4
void digital_4(void)
{
    digitalWrite(c,LOW);
    digitalWrite(b,LOW);
    digitalWrite(f,LOW);
    digitalWrite(g,LOW);
    digitalWrite(dp,HIGH);
    digitalWrite(a,HIGH);
    digitalWrite(e,HIGH);
    digitalWrite(d,HIGH);
}
//显示数字 5
void digital_5(void)
{
    unsigned char j;
    for(j = 7;j< = 9;j ++ )
        digitalWrite(j,LOW);
    digitalWrite(c,LOW);
    digitalWrite(d,LOW);
    digitalWrite(dp,HIGH);
    digitalWrite(b,HIGH);
    digitalWrite(e,HIGH);
}
//显示数字 6
void digital_6(void)
{
    unsigned char j;
    for(j = 7;j< = 11;j ++ )
        digitalWrite(j,LOW);
    digitalWrite(c,LOW);
    digitalWrite(dp,HIGH);
```

```
    digitalWrite(b,HIGH);
}
//显示数字 7
void digital_7(void)
{
    unsigned char j;
    for(j = 5;j< = 7;j ++ )
        digitalWrite(j,LOW);
    digitalWrite(dp,HIGH);
    for(j = 8;j< = 11;j ++ )
        digitalWrite(j,HIGH);
}
//显示数字 8
void digital_8(void)
{
    unsigned char j;
    for(j = 5;j< = 11;j ++ )
        digitalWrite(j,LOW);
    digitalWrite(dp,HIGH);
}
void setup()
{
    int i;
    for(i = 4;i< = 11;i ++ )
    {
        pinMode(i,OUTPUT);                    //设置 4～11 口为输出模式
    }
}
void loop()
{
    while(1)
    {
        digital_1();                          //显示数字 1
        while(analogRead(0)>1000);            //如果读到模拟 0 口的值 1 000,则说明有
                                              //按键按下
        delay(50);                            //延时 200 ms
        digital_2();
        while(analogRead(0)>1000);
        delay(50);
        digital_3();
        while(analogRead(0)>1000);
        delay(50);
        digital_4();
        while(analogRead(0)>1000);
        delay(50);
```

```
        digital_5();
        while(analogRead(0)>1000);
        delay(50);
        digital_6();
        while(analogRead(0)>1000);
        delay(50);
        digital_7();
        while(analogRead(0)>1000);
        delay(50);
        digital_8();
        while(analogRead(0)>1000);
        delay(50);
    }
}
```

5.33.4 实验操作

(1) 按照图 5.33.3 将电路连接到 Landzoduino 开发板上。

(2) 插上编程线,把程序下载到 Landzoduino 控制板上。

(3) 观察运行的情况。

5.33.5 实验结果

按下按键,数码管上出现随机数字,显示实验功能已经实现。通过本实验,我们熟悉了按键和数码管之间的应用。

5.34 汛线水位报警器模型实验

在汛期,水库水位告急,因此做自动水位报警器的模型就显得很重要了。要求:如果水位到达警戒水位,报警灯就会闪烁,同时会有声音提示。

5.34.1 实验原理

本实验电路结构比较简单。

其原理是:利用水的导电性(纯净水除外),然后给水一个电压,用模拟口进行检测即可(之所以说是模型,实际环境会稍显复杂,不能直接用电拿水当导体用)。如果检测到电压,则说明水位已经到了标定线。

5.34.2 硬件电路

汛线水位报警器模型实验器件参考表 5.34.1。

表 5.34.1　汛线水位报警器模型实验器件列表

实验器件	数　量	实验器件	数　量
Landzoduino 开发板	1块	220 Ω电阻	2个
编程线	1根	LED	1个
杜邦线	若干	蜂鸣器	1个
面包板	1块		

汛线水位报警器模型实验接线图参考图5.34.1。

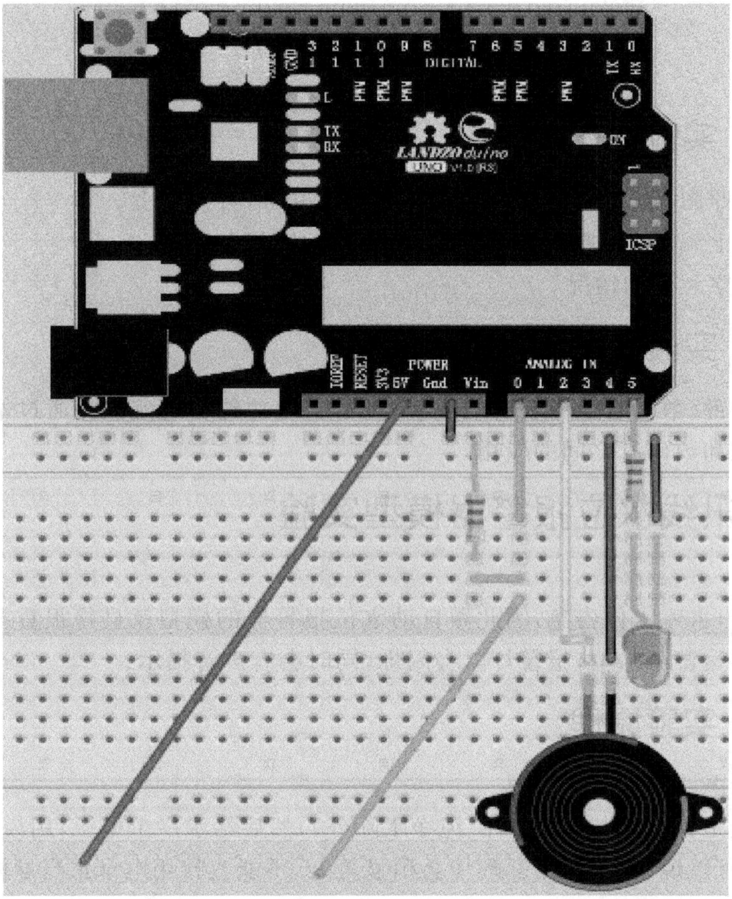

图 5.34.1　汛线水位报警器模型实验接线图

5.34.3 程序设计

程序代码如下：

```
void setup()
{
    pinMode(A5,OUTPUT);                    //让模拟口 A5 作为数字口输出
}

void loop()
{
    int n = analogRead(A0);
    if (n> = 1)
    {
        digitalWrite(A5,HIGH);
        pinMode(A2,OUTPUT);                //蜂鸣器频响 0.5 s
        tone(A2,800);
        delay(500);
        pinMode(A2,INPUT);
        digitalWrite(A5,LOW);
        delay(500);
    }
}
```

5.34.4 实验操作

(1) 按照图 5.34.1 将电路连接到 Landzoduino 开发板上。

(2) 插上编程线，把程序下载到 Landzoduino 控制板上。

(3) 观察运行的情况。

5.34.5 实验结果

当水位超过导线时，电路导通，LED 点亮，蜂鸣器响起；当水位低于导线时，电路断开，LED 熄灭，蜂鸣器不响。因此，通过本实验能够实现汛期的汛线水位报警。

5.35 电位器控制十六进制数显示实验

5.35.1 实验原理

电位器采样值是 0～255，用十六进制数显示，其中高位用数码管显示，低位用 4 个LED 显示(4 位二进制数)。

5.35.2 硬件电路

电位器控制十六进制数显示实验器件参考表 5.35.1。图 5.35.1 所示为实验用数码管实物图。

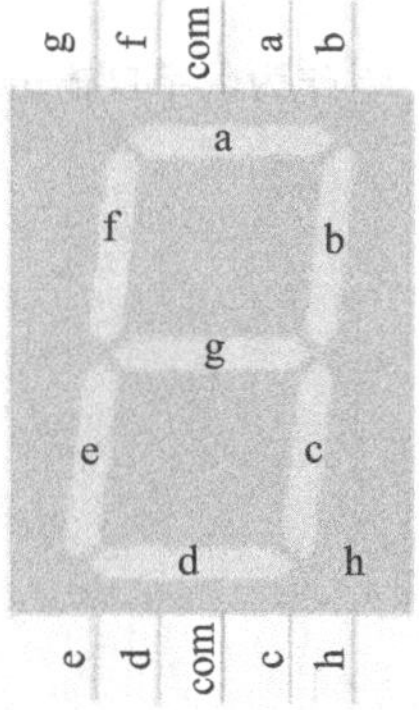

图 5.35.1 实验用数码管实物图

表 5.35.2 电位器控制十六进制数显示实验器件列表

实验器件	数 量
Landzoduino 开发板	1 块
编程线	1 根
杜邦线	若干
面包板	1 块
220 Ω 电阻	4 个
LED	4 个
电位计	1 个
一位数码管	1 个

电位器控制十六进制数显示实验接线图参考图 5.35.2。

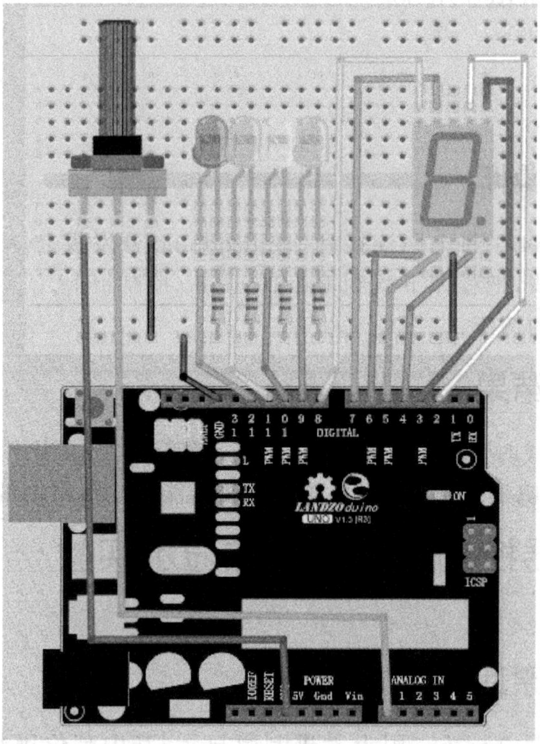

图 5.35.2 电位器控制十六进制数显示实验接线图

5.35.3 程序设计

程序代码如下：

```
#define LED1 9
#define LED2 10
#define LED3 11
#define LED4 12

#define SEG_a 2                              //IO命名
#define SEG_b 3
#define SEG_c 4
#define SEG_d 5
#define SEG_e 6
#define SEG_f 7
#define SEG_g 8
#define Pot A0
byte i;
byte a;
byte b;
int PotBuffer = 0;

//数码管0~9数字码值
unsigned char table1[16][8] =                //表格1,16行8列
{
//   h g f e d c b a
    { 0,0,1,1,1,1,1,1 },                     //0
    { 0,0,0,0,0,1,1,0 },                     //1
    { 0,1,0,1,1,0,1,1 },                     //2
    { 0,1,0,0,1,1,1,1 },                     //3
    { 0,1,1,0,0,1,1,0 },                     //4
    { 0,1,1,0,1,1,0,1 },                     //5
    { 0,1,1,1,1,1,0,1 },                     //6
    { 0,0,0,0,0,1,1,1 },                     //7
    { 0,1,1,1,1,1,1,1 },                     //8
    { 0,1,1,0,1,1,1,1 },                     //9
    { 0,1,1,1,0,1,1,1 },                     //A
    { 0,1,1,1,1,1,0,0 },
    { 0,0,1,1,1,0,0,1 },
    { 0,1,0,1,1,1,1,0 },
    { 0,1,1,1,1,0,0,1 },
    { 0,1,1,1,0,0,0,1 }                      //F
```

```
};

unsigned char table2[16][4] =                    //表格 2,16 行 4 列
{
//   8   4   2   1
    { 0,0,0,0},                                  //0
    { 0,0,0,1},                                  //1
    { 0,0,1,0},                                  //2
    { 0,0,1,1},                                  //3
    { 0,1,0,0},                                  //4
    { 0,1,0,1},                                  //5
    { 0,1,1,0},                                  //6
    { 0,1,1,1},                                  //7
    { 1,0,0,0},                                  //8
    { 1,0,0,1},                                  //9
    { 1,0,1,0},                                  //A
    { 1,0,1,1},                                  //B
    { 1,1,0,0},                                  //C
    { 1,1,0,1},                                  //D
    { 1,1,1,0},                                  //E
    { 1,1,1,1}                                   //F
} ;

void setup()
{
    pinMode(SEG_a,OUTPUT);                       //设置引脚为输出
    pinMode(SEG_b,OUTPUT);
    pinMode(SEG_c,OUTPUT);
    pinMode(SEG_d,OUTPUT);
    pinMode(SEG_e,OUTPUT);
    pinMode(SEG_f,OUTPUT);
    pinMode(SEG_g,OUTPUT);
    pinMode(LED1,OUTPUT);
    pinMode(LED2,OUTPUT);
    pinMode(LED3,OUTPUT);
    pinMode(LED4,OUTPUT);
}

void loop()
{
    PotBuffer = analogRead(Pot);                 //读取 AD 值
    i = map(PotBuffer,0,1023,0,255);
```

```
    a = i >> 4;                                  //a = v,右移 4 位(8 位二进制数右移 4 位,
                                                 //左边填 0,即取高 4 位的值)
    b = i & 0b1111;                              //v 和二进制数 00001111 进行"与"运算,
                                                 //即取低 4 位的值)

    digitalWrite(SEG_a,table1[a][7]);            //数码管段 a 的输出
    digitalWrite(SEG_b,table1[a][6]);
    digitalWrite(SEG_c,table1[a][5]);
    digitalWrite(SEG_d,table1[a][4]);
    digitalWrite(SEG_e,table1[a][3]);
    digitalWrite(SEG_f,table1[a][2]);
    digitalWrite(SEG_g,table1[a][1]);            //数码管段 g 的输出

    digitalWrite(LED4,table2[b][3]);             //LED4(bit0)的输出
    digitalWrite(LED3,table2[b][2]);
    digitalWrite(LED2,table2[b][1]);
    digitalWrite(LED1,table2[b][0]);             //LED1(bit3)的输出

    delay(50);
}
```

5.35.4 实验操作

(1) 按照图 5.35.2 将电路连接到 Landzoduino 开发板上。

(2) 插上编程线,把程序下载到 Landzoduino 控制板上。

(3) 观察运行的情况。

5.35.5 实验结果

本节主要学习了表格的使用方法。第一个参数是行数,第二个参数是列数。如果点亮数字"5",则要让 table1 中的第五行从右向左分别为 a~h 段输出,让 b、e 和 h 段不亮。

另一个要点是,把十进制数(0~255)变成十六进制数,分别取高低位进行显示,变成两位十六进制数。将该数右移 4 位(8 位二进制数右移 4 位,左边填 0,即取高 4 位的值),再将二进制数 00001111 进行"与"运算(即取低 4 位的值)。

5.36 I/O 内部上拉实验

5.36.1 实验原理

在 5.23 节中,我们学习了按键控制 LED 灯,当时在按键下拉了一个 10 kΩ 的电

阻以确保按键稳定，不会误触发。有人会问，如果去掉这个下拉电阻，是否还能达到和之前一样的效果呢？答案是肯定的。Arduino UNO R3 使用的芯片内部其实有上拉的功能，我们可以使用内部的上拉功能替代外部上拉。

芯片内部上拉的结构如图 5.36.1 所示。

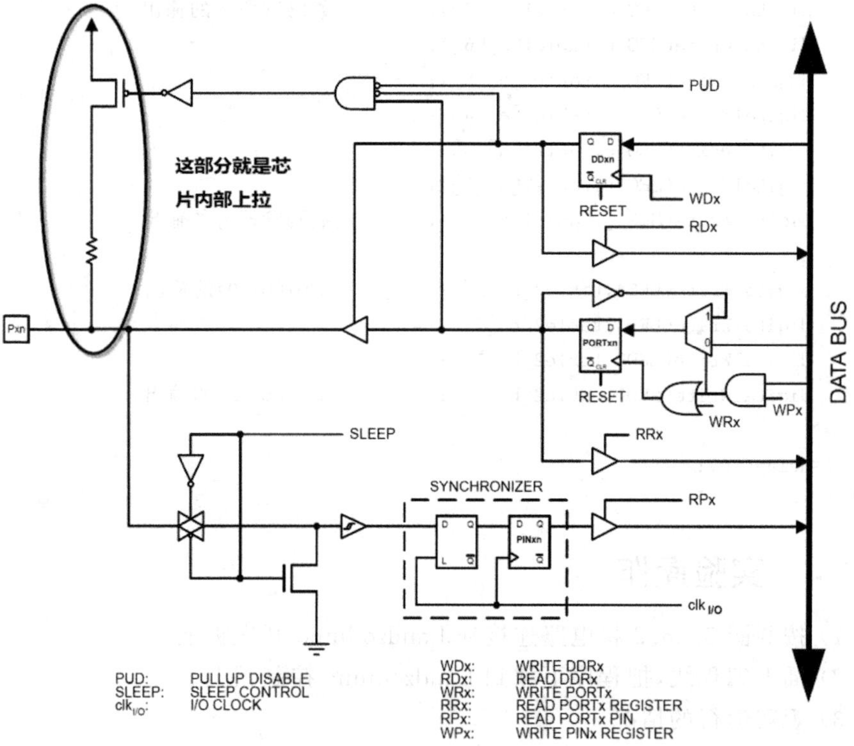

图 5.36.1　芯片内部上拉结构图

1. 上拉电阻

在数字电路中，上拉电阻(Pull-up resistors)是指当某输入端口未连接设备或处于高阻抗的情况下，一种用于保证输入信号为预期逻辑电平的电阻元件。它们通常在不同的逻辑器件之间工作，提供一定的电压信号。

2. 上拉电阻的作用

在上拉电阻所连接的导线上，如果外部组件未启用，上拉电阻将“微弱地”将输入电压信号“拉高”。当外部组件未连接时，对输入端来说，外部“看上去”就是高阻抗的。这时，通过上拉电阻可以将输入端口处的电压拉高到高电平。如果外部组件启用，它将取消上拉电阻所设置的高电平。通过这样，上拉电阻可以使引脚即使在未连接外部组件的时候也能保持确定的逻辑电平。

5.36.2 硬件电路

I/O 内部上拉实验器件参考表 5.36.1。

表 5.36.1 I/O 上拉实验器件列表

实验器件	数 量	实验器件	数 量
Landzoduino 开发板	1 块	220 Ω 电阻	1 个
编程线	1 根	LED	1 个
杜邦线	若干	按键	1 个
面包板	1 块		

I/O 内部上拉实验接线图参考图 5.36.2。

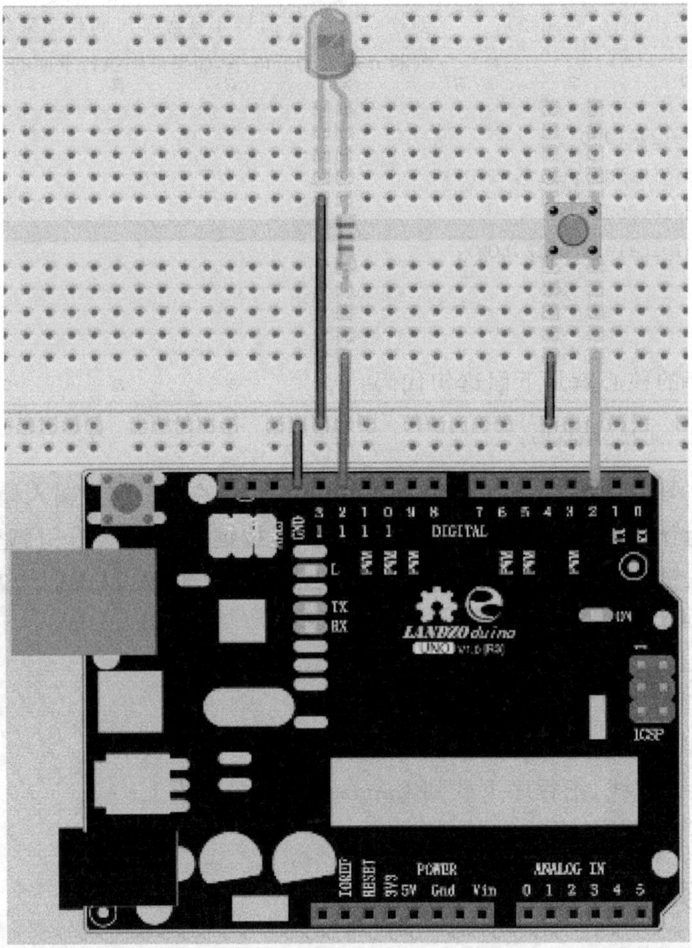

图 5.36.2 I/O 内部上拉实验接线图

通过实验可以看到，按键部分去掉上拉电阻后变得非常简单。

5.36.3 程序设计

程序代码如下：

```
void setup ()
{
    pinMode(2,INPUT_PULLUP); //将引脚 2 设置为输入并且为内部上拉模式
    pinMode(12,OUTPUT);
}

void loop()
{
    int n = digitalRead(2);     //创建一个变量 n,将 4 号数字口的状态采集出来赋值给它
    if (n == LOW)               //判断 n 是否为低电平,如果是则执行下面的语句,不是则跳过
    {
        delay(1000);
        digitalWrite(12,HIGH);
        delay(5000);
        digitalWrite(12,LOW);
    }
}
```

这个程序的核心就是下面这句代码：

```
pinMode(2,INPUT_PULLUP);
```

定义了 2 号引脚为 INPUT_PULLUP 模式意味着该引脚为输入模式，并且被拉高。这就是为什么按键接到了 GND 的原因。当按键按下时，2 号引脚变为 GND，这样就完成了按键的功能。因为单片机引脚默认是高电平，所以我们通常设定低电平有效，这样就可以避免误触发。

5.36.4 实验操作

(1) 按照图 5.36.2 将电路连接到 Landzoduino 开发板上。

(2) 插上编程线，把程序下载到 Landzoduino 控制板上。

(3) 观察运行的情况。

5.36.5 实验结果

本实验证明使用 Arduino 内部上拉电阻依然可以成功操作 LED 的实验现象。另外，还可以举一反三，控制蜂鸣器等。

5.37 简易频率计实验

若要测量一个声音的频率或占空比，但是又没频率计，怎么办呢？我们可以用一块 Arduino 板去搞定这件事。需要的材料仅是一块普通的 Arduino 板，无需外围元件。

5.37.1 实验原理

(1) 测量 20～20 kHz 的信号，超过该范围则误差越来越大。

(2) 误差大致是±5%。

(3) 输出的结果有频率、占空比、周期、高电平时间、低电平时间。

(4) 只能测量单频，复合波形就不行了。图 5.37.1 所示是其实验简图。

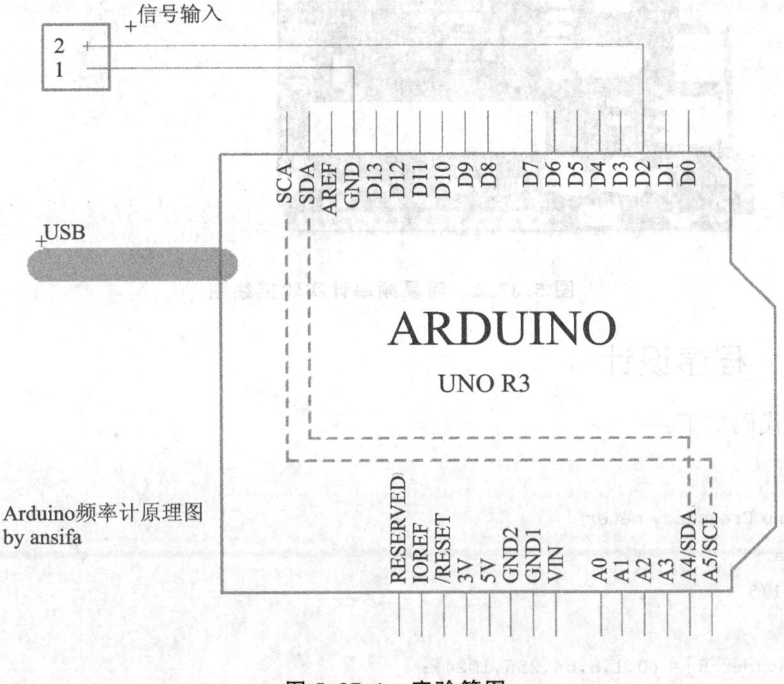

图 5.37.1 实验简图

5.37.2 硬件电路

简易频率计实验器件参考表 5.37.1。

表 5.37.1 简易频率计实验器件列表

实验器件	数 量	实验器件	数 量
Landzoduino 开发板	1 块	编程线	1 根

简易频率计实验接线图参考图 5.37.2。

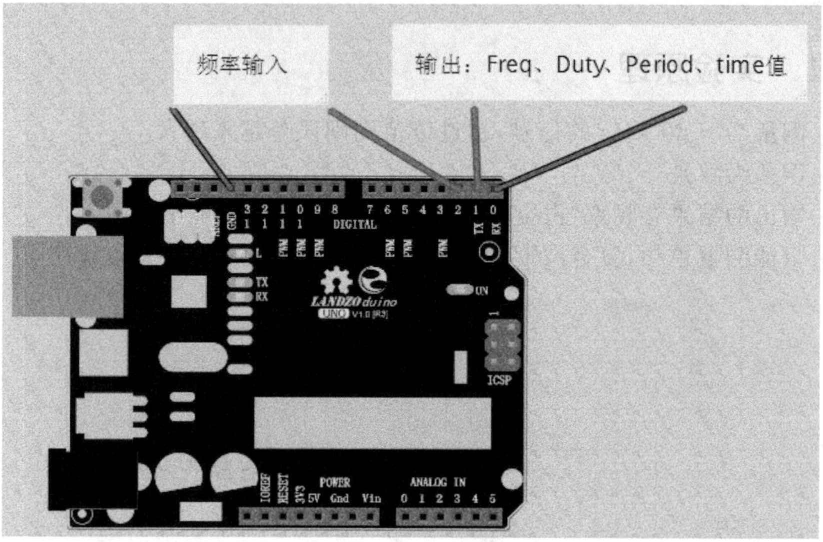

图 5.37.2 简易频率计实验接线图

5.37.3 程序设计

程序代码如下：

```
/*
Arduino Frequency meter
Ansifa
2013/1/5
*/
int divider[6] = {0,1,8,64,256,1024};
int prescaler = 5;
double count = 0;
double middle = 0;
char x = 0;
ISR(TIMER1_OVF_vect)
{
    if (prescaler < 4)
    {
```

```
        prescaler++;
    }
}
void interrupt()
{
    if (! x)
    {
        count = TCNT1;
        TCNT1 = 0x000;
        TCCR1B = prescaler;
        attachInterrupt(0,interrupt,FALLING);
    }
    else
    {
        middle = TCNT1;
        attachInterrupt(0,interrupt,RISING);
    }
    x = ~x;
}
void setup()
{
    Serial.begin(57600);
    TIMSK1 = 0x01;
    TCCR1A = 0x00;
    attachInterrupt(0,interrupt,RISING);
}
void loop()
{
    Serial.print("Freq: ");
    Serial.print(16000000.0/divider[prescaler]/count);
    Serial.print(" Hz\t\tDuty: ");
    Serial.print(middle/count * 100);
    Serial.print(" %\t\tPeriod: ");
    Serial.print(0.0000625 * divider[prescaler] * count);
    Serial.print(" ms\t\tH-time: ");
    Serial.print(0.0000625 * divider[prescaler] * middle);
    Serial.print(" ms\t\tL-time: ");
    Serial.print(0.0000625 * divider[prescaler] * (count - middle));
    Serial.println(" ms");
    if (prescaler > 1)
    {
        prescaler--;
```

```
        delay(200);
    }
    delay(100);
}
```

5.37.4 实验操作

(1) 按照图 5.37.2 将电路连接到 Landzoduino 开发板上。信号从 D2 和 GND 引脚输入。由于没有经过任何放大处理，信号必须满足开关 Arduino 引脚的电平值，最好有 0～5 V 的振幅。

(2) 插上编程线，把程序下载到 Landzoduino 控制板上。

(3) 观察运行的情况。

5.37.5 实验结果

打开串口监视器，调波特率到 57600，即可看到结果(图 5.37.3)。因为没有任何抗干扰措施，所以可能会出现偏差特别大的结果，请自行忽略。

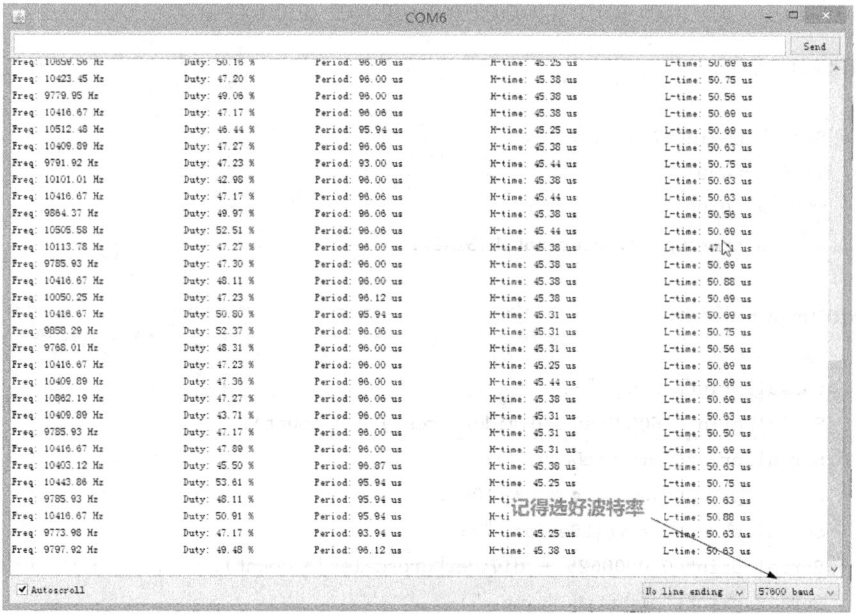

图 5.37.3 实验结果

如果感兴趣，也可以扩展一下这个电路的性能：

➢ 振幅不够可以使用运放或者三极管进行预放大；

➢ 测量频率不够高可以使用 74HEF4060 进行分频。

74HEF4060 可以支持高达 $2^{14}=16\,384$ 级分频，理论上可以将量程提高 16 384

倍。但是，74HEF4060 性能限制，可以将输入频率提高到 20 MHz。但是分频之后就只能看到频率，而测不到波形的占空比了。注意不要使用 CD4060，那是低速版本。

5.38 脉冲计时器实验

通过计算按下一个按钮的时间，来介绍怎样对脉冲计时。

5.38.1 什么是脉冲

脉冲是指一个物理量在短时间或者是持续时间内突变后迅速回到其初始状态的过程。在 Arduino 中所说的脉冲其实就是引脚上的高低电平的变化。脉冲计时常常用在光电码盘、霍尔元件等测速上。

如图 5.38.1 所示为脉冲计时器实验接线图，只需要一个按键与一个 10 kΩ 电阻做下拉。

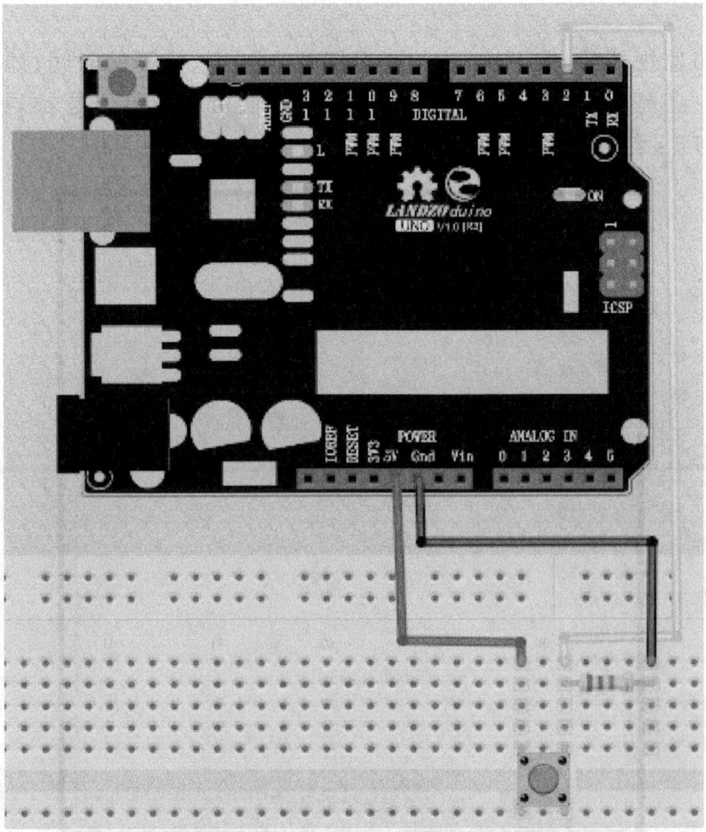

图 5.38.1 为脉冲计时器实验接线图

按照图 5.38.1 完成接线后，把下面的代码复制到 IDE 进行编译下载。

```
int pin = 2;                              //定义引脚为 D2
unsigned long duration;                   //定义 duration 变量为无符号长整数型变量

void setup()
{
    Serial.begin(9600);                   //串口波特率为 9 600
    pinMode(pin,INPUT);                   //设置引脚为输入模式
}

void loop()
{
    duration = pulseIn(pin,HIGH,60000000);   //读取引脚上的高电平脉冲，最大脉冲
                                             //时间间隔为 60 s，并且把结果赋值给
                                             //duration 变量
    Serial.println(duration);             //通过串口输出 duration 变量
}
```

打开串口监视器后，按下按钮，就会返回每次按下、松开的时间，如图 5.38.2 所示。比如第一条是 196377，第二条是 206748。它们对应的单位是 μs，换成 s 以后分别是 0.196 377 s 与 0.206 748 s。

图 5.38.2　实验结果

5.38.2 pulseIn()函数

pulseIn()函数用来读取一个引脚的脉冲(HIGH 或 LOW)。例如,如果 value 是 HIGH,pulseIn()会等待引脚变为 HIGH,开始计时,再等待引脚变为 LOW 并停止计时。返回脉冲的长度,单位为 ms。如果在指定的时间内无脉冲函数返回,则计时范围从 10 μs~3 min。

语法:

```
pulseIn(pin,value)
pulseIn(pin,value,timeout)
```

参数:

pin:要进行脉冲计时的引脚号(int)。

value:要读取的脉冲类型,HIGH 或 LOW(int)。

timeout (可选):指定脉冲计数的等待时间,单位为 μs,默认值是 1 s(unsigned long)。

5.39 中断实验

5.39.1 中断的基本原理

首先,要搞清楚什么是中断,我们可以从生活中的一个例子来了解一下。你正在家里看电视,突然家里座机响了,你起身去接电话,接完电话后继续回来看电视。这就是生活中的中断现象,也就是一个正在做的事情被外部的事情打断,当执行完外部事情后,继续做原本的事情。

5.39.2 什么是中断

所谓中断,是指 CPU 在正常运行程序时,由于内部/外部事件或由程序预先安排的事件,引起 CPU 中断正在运行的程序,转到为内部/外部事件或为预先安排的事件服务的程序中去,服务完毕,再返回去执行被暂时中断的程序。由于某个事件的发生,CPU 暂停当前正在执行的程序,转而执行处理该事件的一个程序。该程序执行完成后,CPU 接着执行被暂停的程序。这个过程被称为中断。

根据中断源的位置,有两种类型的中断。有的中断源在 CPU 的内部,称为内部中断。大多数的中断源在 CPU 的外部,称为外部中断。根据中断引脚的不同,或者 CPU 响应中断的不同条件,也可以把中断划分为可屏蔽中断和不可屏蔽中断两种。

5.39.3 使用中断的好处

(1) 实行分时操作。提高 CPU 的效率,只有当服务对象向 CPU 发出中断申请时才去为它服务。这样,我们就可以利用中断功能同时为多个对象服务,从而大大提高了 CPU 的工作效率。

(2) 实现实时处理。利用中断技术,各个服务对象可以根据需要随时向 CPU 发出中断申请,及时发现和处理中断请求。

在本实验中,有两个可以使用的外部中断——0(数字引脚 2)和 1(数字引脚 3)。本实验中使用 D2 引脚作为中断引脚,使用 A0 引脚控制 LED,实验接线图如图 5.39.1所示。

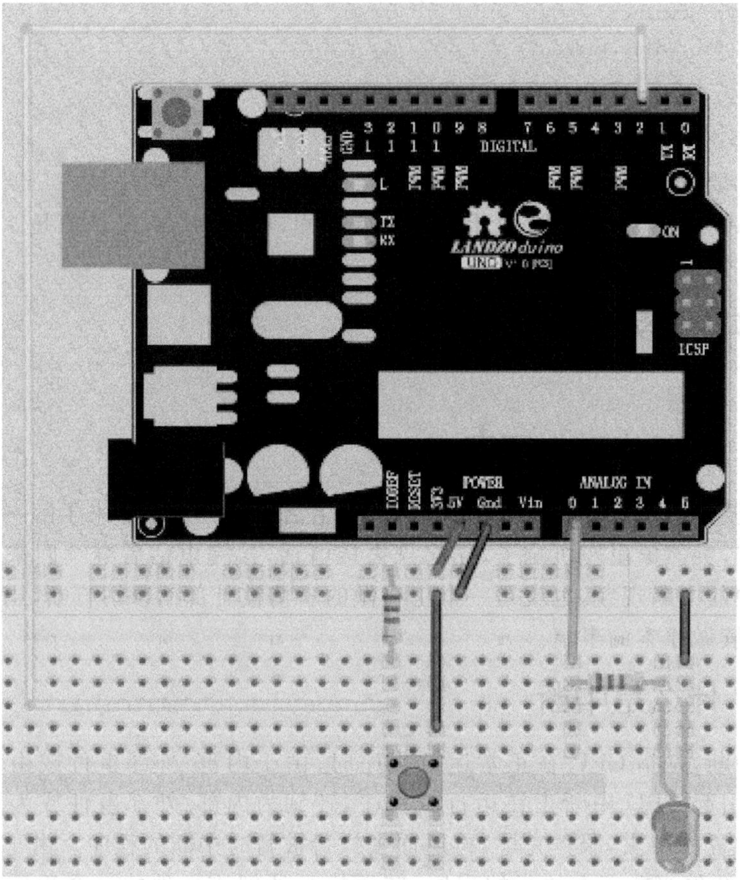

图 5.39.1 中断实验接线图

5.39.4 没有中断标准的数字输入与输出

按照图 5.39.1 进行接线,把下面的代码编译上传,进入 Arduino。代码用来读取你输入的值,然后作为条件进行比较。

```
int pbIn = 2;                                  //定义输入信号引脚
```

```
int ledOut = A0;                        //定义输出指示灯引脚
int state = LOW;                        //定义默认输入状态

void setup()
{
    //设置输入信号引脚为输入状态,输出引脚为输出状态
    pinMode(pbIn,INPUT);
    pinMode(ledOut,OUTPUT);
}

void loop()
{
    state = digitalRead(pbIn);           //读取按键开关状态
    digitalWrite(ledOut,state);          //把读取的状态赋予 LED 指示灯

    //模拟一个长的流程或者复杂的任务
    for (int i = 0;i < 100;i++)
    {
        //延时 10 ms
        delay(10);
    }
}
```

下载以上代码,按下开关,LED 状态不会立刻改变,要按住一会儿才能改变。

5.39.5 使用中断

现在,我们使用相同的电路连接图,然后修改代码以使用硬件中断。把下面的代码下载到控制板中,当按下按键时,LED 的状态就会立刻改变,尽管代码仍然在主循环中,而且是同样的延时。

```
int pbIn = 0;                           //定义中断引脚为 0,也就是 D2 引脚
int ledOut = A0;                        //定义输出指示灯引脚
volatile int state = LOW;               //定义默认输入状态

void setup()
{
    //置 ledOut 引脚为输出状态
    pinMode(ledOut,OUTPUT);

    //监视中断输入引脚的变化
    attachInterrupt(pbIn,stateChange,CHANGE);
}
```

```
void loop()
{
    //模拟长时间运行的进程或复杂的任务
    for (int i = 0;i < 100;i ++ )
    {
        //什么都不做,等待 10 ms
        delay(10);
    }
}

void stateChange()
{
    state = ! state;
    digitalWrite(ledOut,state);
}
```

下载该代码,按下开关,LED 状态就会立刻变化。

5.39.6 中断命令语法

```
attachInterrupt(interrupt,function,mode)
```

interrupt:中断引脚数。

function:中断发生时调用的函数,该函数不带参数且不返回任何值。该函数有时被称为中断服务程序。

mode:定义何时发生中断以下四个 contstants 预定有效值:

- LOW　当引脚为低电平时,触发中断;
- CHANGE　当引脚电平发生改变时,触发中断;
- RISING　当引脚由低电平变为高电平时,触发中断;
- FALLING　当引脚由高电平变为低电平时,触发中断。

当发生外部中断时,调用一个指定函数。当中断发生时,该函数会取代正在执行的程序。大多数的 Arduino 板有两个外部中断:0(数字引脚 2)和 1(数字引脚 3)。

5.39.7 注意事项

当中断函数发生时,delya()和 millis()的数值不会继续变化。当中断发生时,串口收到的数据可能会丢失。你应该声明一个变量来在未发生中断时储存变量。

5.39.8 重新分配中断

中断可以在任何时候通过 attachInterrupt()命令进行改变。当重新使用 attachInterrupt()时,先前分配的中断就会从对应引脚上移除。

5.39.9 启用/停止中断

Arduino 也可以忽略所有中断。如果你需要在一段代码中不执行中断,那么只需执行 noInterrupts()命令即可。当这段代码执行完以后,你可以使用 interrupts()命令重新启用中断。

5.39.10 删除中断

中断也可以通过 detachInterrupt(interrupt_number)命令进行删除。

5.40 EEPROM 读/写获取数据流实验

5.40.1 实验原理

EEPROM (Electrically Erasable Programmable Read-Only Memory,电可擦可编程只读存储器),是一种掉电后数据不丢失的存储芯片。具体能做什么呢?比如,数字密码保险箱的密码掉电后不能丢失,它一般都是存放在 EEPROM 里面的。再比如,一些设备需要根据不同场合输入特定的环境参数,每次启动要加载这些参数,而这些参数也是放在 EEPROM 里面的。

本节中的代码是让 Arduino 不停地从 0 号地址位开始读取 EEPROM,把读取到的数值通过串口输出到电脑上。同时,我们通过串口向 Arduino 输入数字,更新从 0 号地址位开始的 EEPROM 信息。从而间接更新了输出到电脑上的数值。

本实验使用的是 Arduino 官方的 EEPROM 库,但是官方库有一个遗憾,每次只能读取或者写入一个地址位,所以我们在代码开头定了两个函数:EEPROM_write 与 EEPROM_read。括号内第一个参数是起始地址位,第二个就是写入的变量。

5.40.2 硬件电路

EEPROM 读/写获取数据流实验器件参考表 5.40.1。

表 5.40.1 EEPROM 读/写获取数据流实验器件列表

实验器件	数 量	实验器件	数 量
Landzoduino 开发板	1 块	编程线	1 根

EEPROM 读/写获取数据流实验接线图参考图 5.40.1。

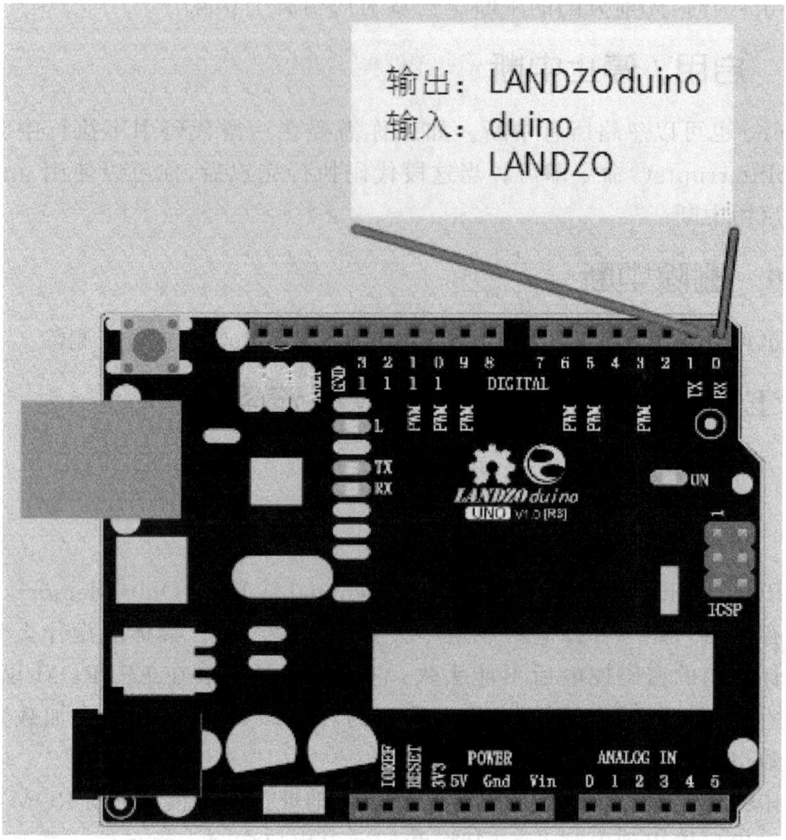

图 5.40.1　EEPROM 读/写获取数据流实验接线图

5.40.3　程序设计

根据 EEPROM 的原理，写出可执行程序，代码如下：

```
#include <EEPROM.h>
#define EEPROM_write(address,p) {
int i = 0;
byte *pp = (byte*)&(p);f
or(;i < sizeof(p);i++) EEPROM.write(address + i,pp[i]);}
#define EEPROM_read(address,p)
{int i = 0;
byte *pp = (byte*)&(p);
for(;i < sizeof(p);i++)
pp[i] = EEPROM.read(address + i);}
unsigned long incomingByte = 0;              //定义无符号长整数型变量 incomingByte
                                             //初始值为 0
```

```
void setup() {
    Serial.begin(9600);                    //打开串口,设置数据传输速率为 9600
}
void loop() {
    if (Serial.available() > 0) {
        incomingByte = Serial.parseInt();  //读取串口传入的下一个有效整数,把该
                                           //整数赋值给 incomingByte 变量
        EEPROM_write(0,incomingByte)       //把 incomingByte 变量从 0 地址位开始
                                           //写入 EEPROM
    }
    EEPROM_read(0,incomingByte)            //从 0 地址位开始读取 EEPROM,把值写入
                                           //变量 incomingByte
    Serial.println(incomingByte);          //通过串口输出
    delay(1000);
}
```

5.40.4　实验操作

(1) 按照图 5.40.1 将电路连接到 Landzoduino 开发板上。

(2) 插上编程线,把程序下载到 Landzoduino 控制板上。

(3) 观察运行的情况。

5.40.5　实验结果

本实验用到了串口命令 Serial.parseInt(),它的作用是查找传入的串行数据流中的下一个有效的整数。Serial.read()只能每次读取一个字节,因此使用起来并不是很方便,而 Serial.parseInt()能一次读取一个数据流,弥补了这方面的缺陷。

第 6 章

Arduino 扩展应用实例

6.1　Arduino 智能车及其特点

在学完所有的实验后，我们对 Arduino 内部资源有了一定的了解。本章是运用所学的知识，制作一辆 Arduino 小车。图 6.1.1 是 Arduino 智能车实物图。

图 6.1.1　智能车实物图

智能车由控制系统、电源系统、驱动系统和传感器系统构成。通过传感器对外界路径采集和识别，将反馈信息传回控制系统芯片中进行处理，将处理结果以输出的方式控制驱动，使驱动系统控制电机运转，实现小车移动。Arduino 智能车很好地实现了将实验与知识相结合的目的。

6.2 智能车硬件介绍

1. 传感器系统

传感器主要由超声波模块、舵机和红外光电传感器构成。其中超声波模块采用 SR04 型号的模块，其实物图如图 6.2.1 所示。

SR04 超声波模块具体参数如表 6.2.1 所列。

图 6.2.1 SR04 超声波模块实物图

表 6.2.1 SR04 超声波模块参数

工作电压	DC 5 V
工作电流/mA	15
工作频率/kHz	40
最远射程/m	4
最近射程/cm	2
测量角度/(°)	15
输入触发信号	10 μs 的 TTL 脉冲
输出回响信号	输出 TTL 电平信号，与射程成比例

舵机部分采用 SG90 舵机，其实物如图 6.2.2 所示。舵机外接三根线，分别用棕、红、橙三种颜色进行区分。由于舵机品牌不同，颜色也会有所差异。棕色为接地线(GND)，红色为电源正极线，橙色为信号线，具体标识如图 6.2.3 所示。

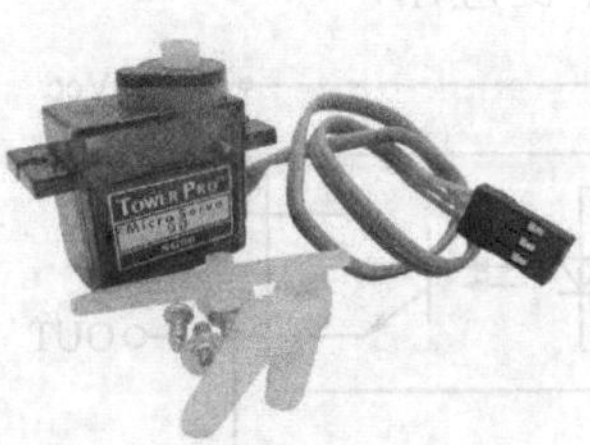

图 6.2.2 SG90 舵机实物图

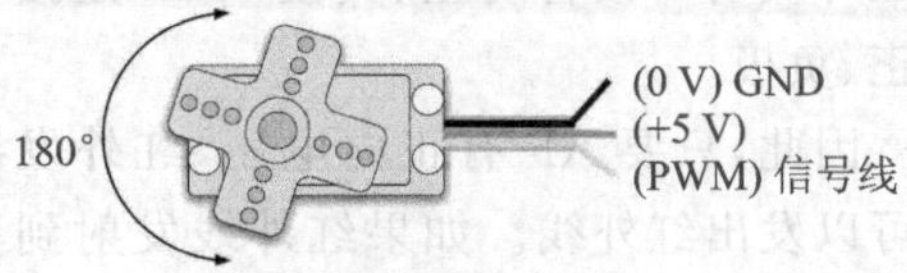

图 6.2.3 SG90 舵机标识图

舵机的转动角度是通过调节 PWM(脉冲宽度调制)信号的占空比来实现的。标准 PWM 信号的周期固定为 20 ms(50 Hz)，理论上脉宽分布应在 1～2 ms 之间，但事实上，脉宽可为 0.5～2.5 ms，脉宽与舵机的转角 0°～180°相对应。有一点值得注意，由于牌子不同，对于同一信号，不同牌子的舵机，其旋转的角度也会有所不同。图 6.2.4是舵机转向角和脉冲的关系图。

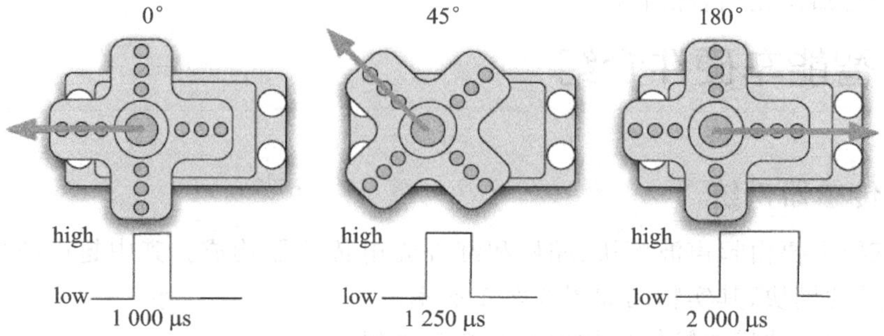

图 6.2.4　舵机转向关系图

自动循迹部分采用 ST188 红外光电传感器。ST188 焊接在智能车的底板下方，实物图如图 6.2.5 所示。

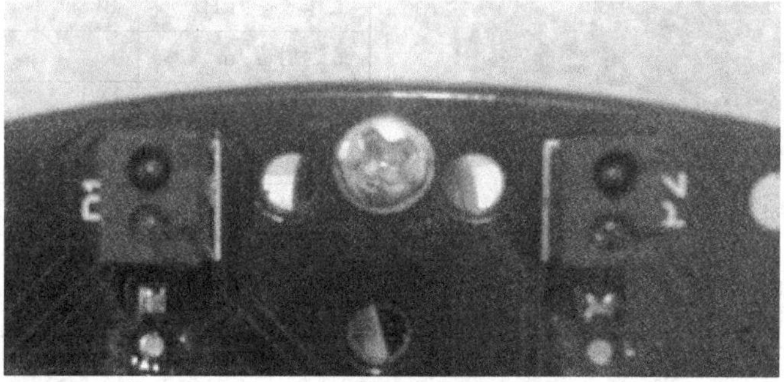

图 6.2.5　ST188 红外光电传感器实物图

ST188 由高发射功率红外光电二极管和高灵敏度光电晶体管组成。其采用非接触检测方式，有检测距离可调整、范围大等优点，受到广泛应用。

图 6.2.6 是 ST188 电路示意图。A、F 是红外发射二极管的正、负极，C、E 是接收管的正、负极。

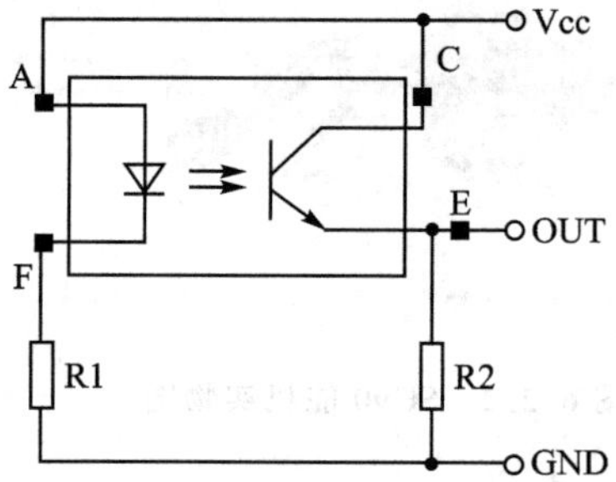

图 6.2.6　ST188 电路示意图

因此，只要 AF 有正向电压，红外发射管就可以发出红外线。如果红外线发射到黑色物体上，则红外线被吸收，CE 端接收管没有电压返回，没有检测到红外信号；如果红外线发射到白色物体上，则红外线被反射，CE 端接收管有电压返回，检测到红外信号。这样就可以很容易区别黑白线，从而实现自动循迹功能。

2. 控制系统

控制系统采用 Arduino 开发板，Arduino UNO 资源具体请参考 1.3 节。

3. 驱动系统

电机驱动系统部分采用 L293D 驱动芯片驱动电机，配备 UNITRODE L293D 是德州仪器制造，其具体参数如下：

- 电源电压范围为 4.5 ～36 V；
- 单独的输入逻辑电源；
- 内部 ESD 保护热关断；
- 高噪声抗扰度输入；
- 每通道输出电流 600 mA；
- 峰值输出电流每通道 1.2 A；
- 输出钳位二极管的感性瞬态抑制。

L293D 是四倍高电流 H 桥驱动芯片。L293D 提供双向驱动电流高达 600 mA，电压是 4.5～36 V。L293D 控制系统使用包括专用驱动等感性负载继电器、电磁阀、直流双极步进和马达，也可以给其他高电流/高电压提供电源负载。

L293D 兼容所有的 TTL 输入。每个输出都是推拉式驱动电路。启用 1/2EN 驱动器和 3/4EN 驱动器。当使能输入为高电平时，相关联的驱动器被启用且它们的输出处于活动状态，并在其输入端同相。当使能输入为低时，这些驱动器被禁用，其输出关闭，处于高阻抗状态。图 6.2.7 中，1/2EN 为 1 和 2 的使能端（高电平使能）；3/4EN 同理。用适当的数据输入端，每对驱动实质上是一个完整的 H 桥可逆驱动器，适用于电磁阀或电机应用。

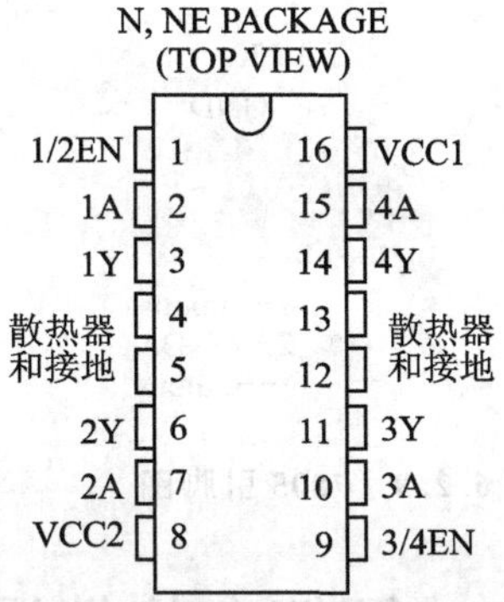

图 6.2.7 L293D 芯片引脚图

L293D 外部输出为高速钳位二极管，应使用电感的瞬态抑制。VCC1 和 VCC2 分开，提供逻辑输入，以尽量降低设备功耗。工作温度为 0～70 ℃。图 6.2.8 是 L293D 控制原理图。

4. 电源系统构成

电源系统采用 7805 稳压芯片。7805 三端稳压 IC 内部电路具有过压保护、过流保护、过热保护功能，这使它的性能很稳定。能够实现 1 A 以上的输出电流。器件具有良好的温度系数，因此产品的应用范围很广。可以运用本地调节来消除噪声影响，解决了与单点调节相关的分散问题，输出电压误差精度分别为±3%和±5%。

图 6.2.9 是 7805 引脚图。从正面看，1、2、3 引脚从左向右按顺序标注，接入电

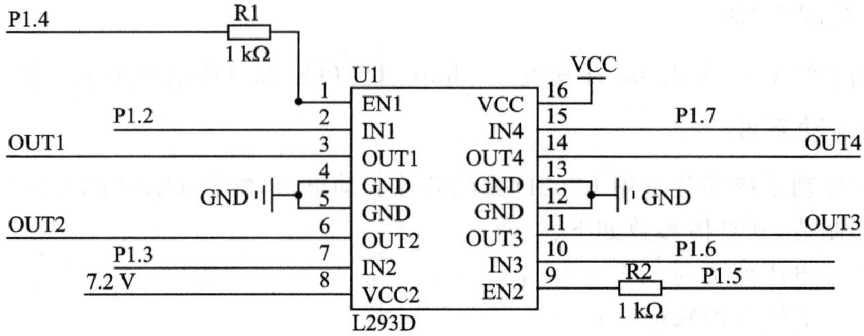

图 6.2.8 L293D 控制原理图

路时，引脚 1 的电压高于引脚 2，引脚 3 为输出位。

图 6.2.10 是 7805 在本系统中的应用原理图。在实际应用中，在输出端只需要接 470 μF 的极性电容即可。

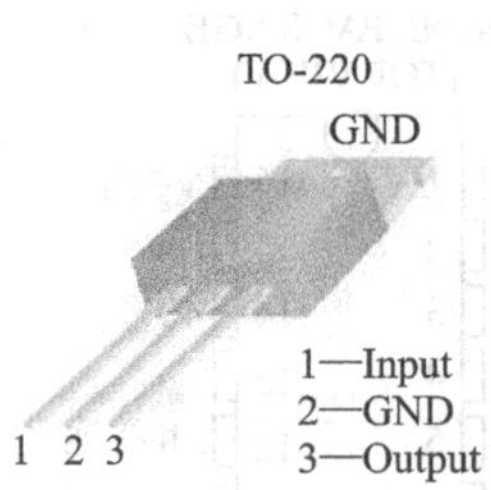

图 6.2.9 7805 引脚图

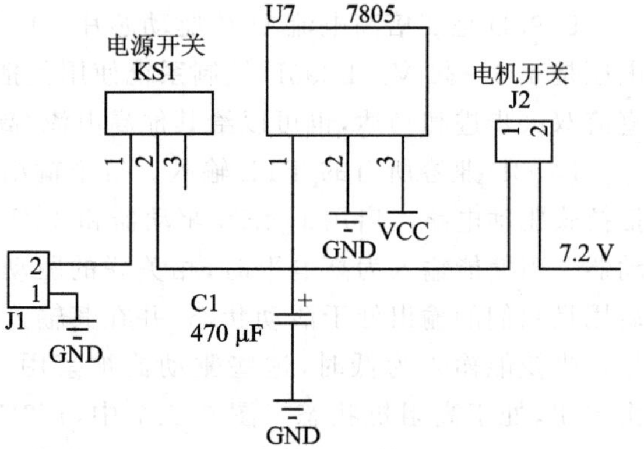

图 6.2.10 7805 应用原理图

6.3 智能车软件设计

Arduino 智能车主要实现自动循迹和超声波避障的功能。

自动循迹程序代码如下：

```
/*****************************************************
自动循迹程序
小车沿黑线自动循迹
小车对着自己看时分的左右：
R是右(right),L是左(left)
http://www.landzo.com/
This example code is in the public domain.
```

```
*******************************************************/
int MotorRight1 = 14;                        //A0 IN1
int MotorRight2 = 15;                        //A1 IN2
int MotorLeft1 = 16;                         //A2 IN3
int MotorLeft2 = 17;                         //A3 IN4

int MotorRPWM = 5;                           //PWM 5
int MotorLPWM = 3;                           //PWM 3
const int SensorLeft = 2;                    //左传感器输入引脚
const int SensorRight = 6;                   //右传感器输入引脚
int SL;                                      //左传感器状态
int SR;                                      //右传感器状态

/*******************************************************
初始化部分_setup()函数
*******************************************************/
void setup()
{
    Serial.begin(9600);
    pinMode(MotorRight1,OUTPUT);             //引脚位 14 (PWM)
    pinMode(MotorRight2,OUTPUT);             //引脚位 15 (PWM)
    pinMode(MotorLeft1,OUTPUT);              //引脚位 16 (PWM)
    pinMode(MotorLeft2,OUTPUT);              //引脚位 17 (PWM)

    pinMode(MotorLPWM,OUTPUT);               //引脚位 3 (PWM)
    pinMode(MotorRPWM,OUTPUT);               //引脚位 5 (PWM)

    pinMode(SensorLeft,INPUT);               //定义左传感器
    pinMode(SensorRight,INPUT);              //定义右传感器
}

/*******************************************************
    执行部分_loop()函数
*******************************************************/
void loop()
{
    SL = digitalRead(SensorLeft);
    SR = digitalRead(SensorRight);
    if (SL == LOW&&SR == LOW)                //前进
```

```
{
    digitalWrite(MotorRight1,LOW);           //IN1 右电机高电平反转
    digitalWrite(MotorRight2,HIGH);          //IN2 右电机高电平正转
    analogWrite(MotorRPWM,150);              //0---100--250

    digitalWrite(MotorLeft1,HIGH);           //IN3 左电机高电平正转
    digitalWrite(MotorLeft2,LOW);            //IN4 左电机高电平反转
    analogWrite(MotorLPWM,90);
}
Else //R是右(right),L是左(left),小车对着自己看时分的左右
{
    if (SL == HIGH & SR == LOW)              //左白右黑,快速左转
    {
        delay(1);
        digitalWrite(MotorRight1,LOW);       //IN1 右电机高电平反转
        digitalWrite(MotorRight2,HIGH);      //IN2 右电机高电平正转
        analogWrite(MotorRPWM,170);

        digitalWrite(MotorLeft1,LOW);        //IN3 左电机高电平正转
        digitalWrite(MotorLeft2,LOW);        //IN4 左电机高电平反转
        analogWrite(MotorLPWM,0);
    }
    else if (SR == HIGH & SL == LOW)         //右白左黑,快速右转
    {
        delay(1);
        digitalWrite(MotorRight1,LOW);       //IN1 右电机高电平反转
        digitalWrite(MotorRight2,LOW);       //IN2 右电机高电平正转
        analogWrite(MotorRPWM,0);

        digitalWrite(MotorLeft1,HIGH);       //IN3 左电机高电平正转
        digitalWrite(MotorLeft2,LOW);        //IN4 左电机高电平反转
        analogWrite(MotorLPWM,80);
    }
    else //都是白色,停止
    {
        digitalWrite(MotorRight1,LOW);       //IN1 右电机高电平反转
        digitalWrite(MotorRight2,HIGH);      //IN2 右电机高电平正转
        analogWrite(MotorRPWM,120);          //0---100--250
```

```
        digitalWrite(MotorLeft1,HIGH);          //IN3 左电机高电平正转
        digitalWrite(MotorLeft2,LOW);           //IN4 左电机高电平反转
        analogWrite(MotorLPWM,70);
      }
    }
}
```

超声波避障程序代码如下：

```
/**********************************************************
超声波智能避障程序
超声波云台摇头,距离过近时智能避障
小车对着自己看时分的左右
L=左,R=右,F=前,B=后
http://www.landzo.com/
This example code is in the public domain.
**********************************************************/
#include <Servo.h>
int pinLB = 15;                      //定义 15 引脚位左后
int pinLF = 14;                      //定义 14 引脚位左前

int pinRB = 16;                      //定义 16 引脚位右前
int pinRF = 17;                      //定义 17 引脚位右后

int MotorRPWM = 3;
int MotorLPWM = 5;

int inputPin = 9;                    //定义超声波信号接收引脚位
int outputPin = 8;                   //定义超声波信号发射引脚位

int Fspeedd = 0;                     //前速
int Rspeedd = 0;                     //右速
int Lspeedd = 0;                     //左速
int directionn = 0;                  //前=8 后=2 左=4 右=6
Servo myservo;                       //设 myservo
int delay_time = 250;                //伺服马达转向后的稳定时间

int Fgo = 8;                         //前进
int Rgo = 6;                         //右转
int Lgo = 4;                         //左转
int Bgo = 2;                         //倒车
```

```
void setup()
{
    Serial.begin(9600);                     //定义马达输出引脚位
    pinMode(pinLB,OUTPUT);                  //引脚位 8 (PWM)
    pinMode(pinLF,OUTPUT);                  //引脚位 9 (PWM)
    pinMode(pinRB,OUTPUT);                  //引脚位 10 (PWM)
    pinMode(pinRF,OUTPUT);                  //引脚位 11 (PWM)

    pinMode(MotorLPWM,OUTPUT);              //引脚位 3 (PWM)
    pinMode(MotorRPWM,OUTPUT);              //引脚位 5 (PWM)

    pinMode(inputPin,INPUT);                //定义超声波输入引脚位
    pinMode(outputPin,OUTPUT);              //定义超声波输出引脚位

    myservo.attach(10);                     //定义伺服马达输出第 10 引脚位(PWM)
}
void advance(int a)                         //前进
{
    digitalWrite(pinRB,HIGH);               //使马达(右后)动作
    digitalWrite(pinRF,LOW);
    analogWrite(MotorRPWM,150);
    digitalWrite(pinLB,HIGH);               //使马达(左后)动作
    digitalWrite(pinLF,LOW);
    analogWrite(MotorLPWM,208);
    delay(a * 100);
}

void right(int b)                           //右转(单轮)
{
    digitalWrite(pinRB,LOW);                //使马达(右后)动作
    digitalWrite(pinRF,HIGH);
    analogWrite(MotorRPWM,200);
    digitalWrite(pinLB,HIGH);
    digitalWrite(pinLF,HIGH);
    delay(b * 100);
}
void left(int c)                            //左转(单轮)
{
    digitalWrite(pinRB,HIGH);
    digitalWrite(pinRF,HIGH);
    digitalWrite(pinLB,LOW);                //使马达(左后)动作
    digitalWrite(pinLF,HIGH);
```

```
    analogWrite(MotorLPWM,200);
    delay(c * 100);
}
void turnR(int d)                        //右转(双轮)
{
    digitalWrite(pinRB,HIGH);            //使马达(右后)动作
    digitalWrite(pinRF,LOW);
    analogWrite(MotorRPWM,100);
    digitalWrite(pinLB,LOW);
    digitalWrite(pinLF,HIGH);            //使马达(左前)动作
    analogWrite(MotorLPWM,100);
    delay(d * 60);
}
void turnL(int e)                        //左转(双轮)
{
    digitalWrite(pinRB,LOW);
    digitalWrite(pinRF,HIGH);            //使马达(右前)动作
    analogWrite(MotorRPWM,100);
    digitalWrite(pinLB,HIGH);            //使马达(左后)动作
    digitalWrite(pinLF,LOW);
    analogWrite(MotorLPWM,100);
    delay(e * 60);
}
void stopp(int f)                        //停止
{
    digitalWrite(pinRB,HIGH);
    digitalWrite(pinRF,HIGH);
    digitalWrite(pinLB,HIGH);
    digitalWrite(pinLF,HIGH);
    delay(f * 100);
}
void back(int g)                         //后退
{
    digitalWrite(pinRB,LOW);             //使马达(右后)动作
    digitalWrite(pinRF,HIGH);
    analogWrite(MotorRPWM,150);
    digitalWrite(pinLB,LOW);             //使马达(左后)动作
    digitalWrite(pinLF,HIGH);
    analogWrite(MotorLPWM,100);
    delay(g * 70);
}
```

```
void detection()                          //测量 3 个角度(0.90.179)
{
    int delay_time = 200;                 //伺服马达转向后的稳定时间
    ask_pin_F();                          //读取前方距离

    if(Fspeedd < 10)                      //假如前方距离小于 10 cm
    {
        stopp(1);                         //清除输出数据
        back(2);                          //后退 0.2 s
    }

    if(Fspeedd < 25)                      //假如前方距离小于 25 cm
    {
        stopp(1);                         //清除输出数据
        ask_pin_L();                      //读取左方距离
        delay(delay_time);                //等待伺服马达稳定
        ask_pin_R();                      //读取右方距离
        delay(delay_time);                //等待伺服马达稳定

        if(Lspeedd > Rspeedd)               //假如左边距离大于右边距离
        {
            directionn = Lgo;             //向左走
        }

        if(Lspeedd <= Rspeedd)            //假如左边距离小于或等于右边距离
        {
            directionn = Rgo;             //向右走
        }

        if (Lspeedd < 15 && Rspeedd < 15)  //假如左边距离和前方距离和右边距离
                                           //皆小于 15 cm
        {
            directionn = Bgo;             //向后走
        }
    }
    else                                  //假如前方不小于(大于)25 cm
    {
        directionn = Fgo;                 //向前走
    }

}
void ask_pin_F()                          //量出前方距离
```

```
{
    myservo.write(90);
    digitalWrite(outputPin,LOW);          //让超声波发射低电压 2 μs
    delayMicroseconds(2);
    digitalWrite(outputPin,HIGH);         //让超声波发射高电压 10 μs,这里至少是 10 μs
    delayMicroseconds(10);
    digitalWrite(outputPin,LOW);          //维持超声波发射低电压
    float Fdistance = pulseIn(inputPin,HIGH);  //读差相差时间
    Fdistance = Fdistance/5.8/10;         //将时间转为距离(单位:cm)
    Serial.print("F distance:");          //输出距离(单位:cm)
    Serial.println(Fdistance);            //显示距离
    Fspeedd = Fdistance;                  //将距离读入 Fspeedd(前速)
}
void ask_pin_L()                          //量出左边距离
{
    myservo.write(5);
    delay(delay_time);
    digitalWrite(outputPin,LOW);          //让超声波发射低电压 2 μs
    delayMicroseconds(2);
    digitalWrite(outputPin,HIGH);         //让超声波发射高电压 10 μs,这里至少是 10 μs
    delayMicroseconds(10);
    digitalWrite(outputPin,LOW);          //维持超声波发射低电压
    float Ldistance = pulseIn(inputPin,HIGH);  //读差相差时间
    Ldistance = Ldistance/5.8/10;         //将时间转为距离距离(单位:cm)
    Serial.print("L distance:");          //输出距离(单位:cm)
    Serial.println(Ldistance);            //显示距离
    Lspeedd = Ldistance;                  //将距离读入 Lspeedd(左速)
}
void ask_pin_R()                          //量出右边距离
{
    myservo.write(177);
    delay(delay_time);
    digitalWrite(outputPin,LOW);          //让超声波发射低电压 2 μs
    delayMicroseconds(2);
    digitalWrite(outputPin,HIGH);         //让超声波发射高电压 10 μs,这里至少是 10 μs
    delayMicroseconds(10);
    digitalWrite(outputPin,LOW);          //维持超声波发射低电压
    float Rdistance = pulseIn(inputPin,HIGH);  //读差相差时间
    Rdistance = Rdistance/5.8/10;         //将时间转为距离(单位:cm)
    Serial.print("R distance:");          //输出距离(单位:cm)
    Serial.println(Rdistance);            //显示距离
    Rspeedd = Rdistance;                  //将距离读入 Rspeedd(右速)
```

```
}

void loop()
{
    myservo.write(90);                //让伺服马达回归,预备位置,准备下一次的
测量
    detection();                      //测量角度并且判断要往哪一个方向移动

    if(directionn == 2)               //假如 directionn(方向) = 2(倒车)
    {
        back(8);                      //倒退(车)
        turnL(2);                     //稍微向左方移动(防止卡在死巷里)
        Serial.print(" Reverse ");    //显示方向(倒退)
    }
    if(directionn == 6)               //假如 directionn(方向) = 6(右转)
    {
        back(1);
        turnR(6);                     //右转
        Serial.print(" Right ");      //显示方向(左转)
    }
    if(directionn == 4)               //假如 directionn(方向) = 4(左转)
    {
        back(1);
        turnL(6);                     //左转
        Serial.print(" Left ");       //显示方向(右转)
    }
    if(directionn == 8)               //假如 directionn(方向) = 8(前进)
    {
        advance(1);                   //正常前进
        Serial.print(" Advance ");    //显示方向(前进)
        Serial.print("    ");
    }
}
```

6.4 智能车原理图

图 6.4.1 所示为智能车原理图。

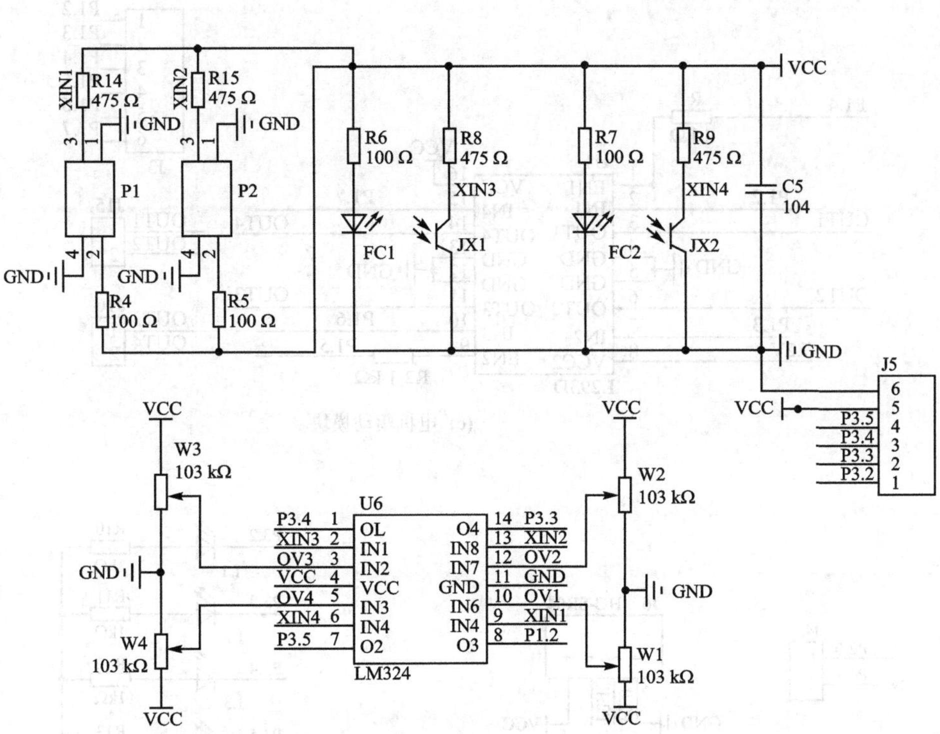

(a) 传感器模块

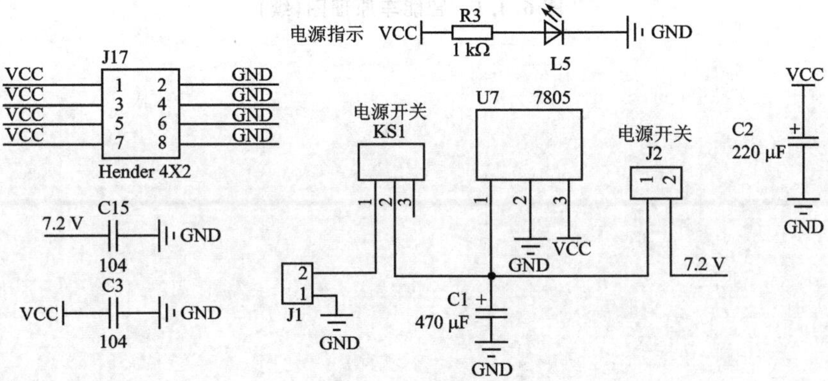

(b) 电源供电系统

图 6.4.1 智能车原理图

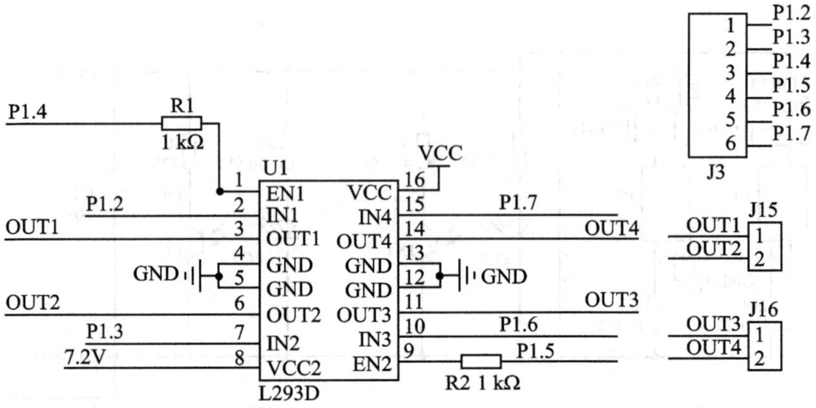

(c) 电机驱动模块

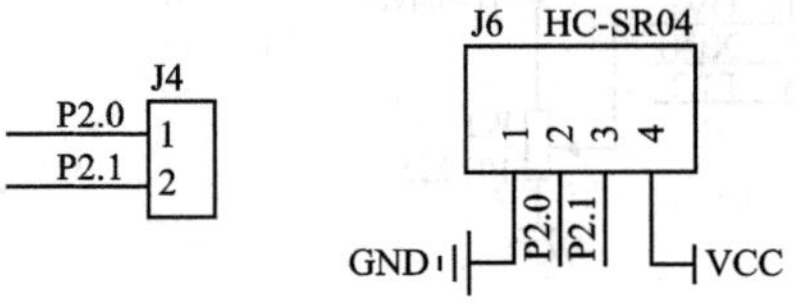

(d) 超声波模块接口

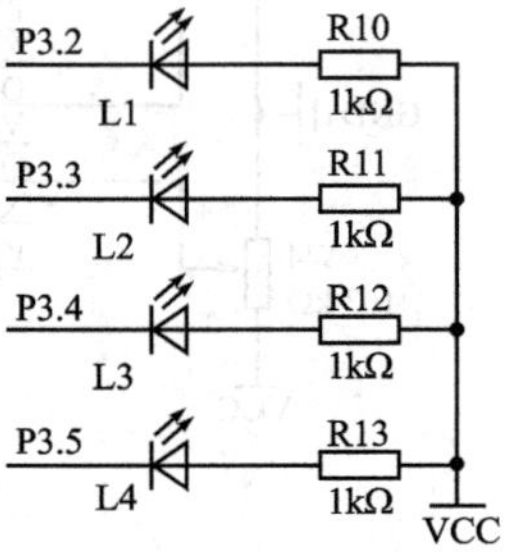

(e) 传感器指示灯

图 6.4.1 智能车原理图(续)

参考文献

[1] 谭浩强.C 程序设计[M].3 版.北京：清华大学出版社，1999.

[2] Massimo Banzi.爱上 Arduino[M].郭浩赟，于欣龙，译.北京：人民邮电出版社，2012.

[3] 程晨.爱上 Arduino 开发实战指南[M].北京：机械工业出版社，2013.

[4] 佟长福.AVR 单片机 GCC 程序设计[M].北京：北京航空航天大学出版社，2006.

[5] 陈吕洲.Arduino 程序设计基础[M].2 版.北京：北京航空航天大学出版社，2015.